企業危機化解手冊

101條忠告，讓組織安然度過各種災難、
突發事件與其他緊急情況，並重回正軌

CRISIS AHEAD

101 WAYS TO PREPARE FOR AND BOUNCE BACK FROM
DISASTERS, SCANDALS, AND OTHER EMERGENCIES

EDWARD SEGAL
愛德華・席格
張簡守展 譯

謹獻給潘蜜拉——

我的終身知己與最佳旅伴，不管何時何地

CONTENTS

目錄

PART 5

危機期間的媒體互動

冠狀病毒危機

對許多人而言，經歷這場新冠肺炎（Covid-19）疫情就像坐上雲霄飛車，峰迴路轉、起伏不定，期間某些國家的疫情不只一次看似趨緩，但終究還是反彈回升，甚至屢創高峰。

就在我重寫本書前言之際，全球感染人數已多達數千萬，數百萬人甚至因此失去了生命。這場冠狀病毒危機還同時帶來財務、ＩＴ、人力資源等方面的危急狀況，而大大小小的企業和組織無一做好準備。不僅如此，許多人拒絕遵守公衛和醫療專家的建議，包括維持社交距離、戴口罩、避免群聚、接受完整疫苗接種，有如為這場危機火上添油，致使全球遲遲不見危機落幕的跡象。

這場危機與我接下來探討的上百個危機案例之間存在許多共通點：

- 毫無預警地突然發生。

- 沒人做好充分準備或受過相關訓練。
- 即便企業早已制定危機應變計畫，但真正體會到需要全方位的應急計畫來處理眼前的危機時，往往為時已晚。
- 人們盡可能以當下最理想的方式應對危機，速度雖快，但仍顯得左支右絀。
- 尋求專家協助，詢問因應措施、實施時間、實行方式。

各國政府對這場疫情和其他公衛緊急狀況（例如小兒痲痺和愛滋病）的處置，時常依循一個類似且令人失望的模式：刻意忽略、拒絕正視、希望情況逐漸好轉，最後意識到危機非同小可，才倉促應對，亡羊補牢。在企業界，有些公司採取觀望的態度，僅被動跟隨政府的政策，或先觀察競爭對手的動態，才決定如何應對；不過也有企業和組織積極應對，在第一時間就採取行動。

新冠疫情危機帶來啟發

這場病毒危機為我們上了重要的一課。除了本書第六章所提及的危機處理典範之外，這場疫情帶給我們的啟發包括：

- 擬定計畫很重要，且需事前測試計畫成效。
- 留意初期警訊。
- 備妥充足的合適資源。
- 盡速反應。
- 告知真相。
- 準確評估危機的衝擊。
- 借鏡他人經驗。
- 忠於事實。
- 設定切合實際的期限。

如何應對新冠肺炎

私人公司大多未曾處理過危機，而且肯定從未遇過新冠肺炎這樣的困境。回顧這場危機爆發至今的進展，可發現許多企業和組織顯然早已迷失方向，手足無措。他們也許會臨機應變，但所作所為可能背離第六章所述的危機管理準則。

不幸的是，危機演變的腳步從不停歇，企業隨時都有可能在危機管理上犯下很快就會後悔的錯誤。萬一疫情持續下去，病毒演變成更致命、傳染力更強的變種，或你所居住的地區或國家遭遇更加嚴峻的疫情考驗，除了第 368 頁起概述的理想做法之外，以下另外提供幾點建議，希望能協助你避免鑄下大錯：

- 切勿透過語言或行為加油添醋，加深他人對傳染病的焦慮、恐懼或不安。一言一行都應該盡可能強化人們面對逆勢的信心，並提供準確的資訊。
- 展現同理心，理解他人的想法或感受。
- 從值得信賴的資訊來源獲取危機相關事實。
- 關注病毒的相關消息和最新發展。持續注意新冠肺炎對公司營運各個層面的衝擊，包括員工、銷售、庫存、顧客。
- 別轉傳謠言、臆測或值得存疑的社群媒體貼文。與他人分享資訊和警示消息時，務必一併附上消息來源。
- 多溝通。讓他人清楚了解危機為你的公司或組織造成什麼影響，以及你現階段或日後會祭出哪些因應措施。以身作則，積極扮演可靠資訊來源的角色，明確說明傳染病對事業的衝擊。

- 資訊透明化。針對病毒所帶來的影響，主動公布及傳播最新消息及重點資訊。如果情況允許，可開設全天候的電話專線，另闢管道回應客戶、投資人或社會大眾的疑問或疑慮。
- 別企圖掩蓋或粉飾壞消息。要記得，社會大眾可以從各種管道得知企業的相關消息（當然也可能取得不正確的資訊）。
- 務必說真話，不管真相多殘酷，都別說謊。否則，你的個人信譽，乃至他人對貴組織的信賴，都將受損。
- 如果你已制定危機應變計畫，請確實執行並定期測試及更新，以根據最新狀況對症下藥。
- 如果你沒有任何計畫，請立即著手擬定。讓大眾知道你有計畫可以因應傳染病或其他危機，這可協助你建立信心，確定自己能以合邏輯的方式，井然有序且有系統地處理問題。若你需要擬定計畫，第 76 頁提供了一般危機處理／溝通計畫的範本，供你參考。另外也歡迎上我的網站（PublicRelations.com）取用範本。請到「自訂危機應變計畫」（Customized Crisis Plan）頁面，依所示大小寫輸入密碼「CrisisPlan2020」。從該網頁複製或下載範本後，你就能填入相關資訊，製作專屬的應變計畫，之後記得要定期更新及測試。

- 尋求需要的協助。危機時期不適合自由發揮。如果你的危機管理計畫中，有需要他人協助執行的地方，請立即尋找相關專業人才，適切完成工作。
- 超前部署。針對病毒可能對公司帶來的影響，預想最糟糕的情況，並據以規劃後續的因應措施，包括危機解除之後，公司要如何恢復原有的成長動能。
- 別一廂情願地認定新冠肺炎危機很快就會結束，眼前可能會是一條顛簸難行的漫漫長路。

宣布壞消息：危機期間的溝通原則

疫情不僅快速改變了人們工作的方式和場所，企業解僱員工的方式和時機也因而有了變化。危機對員工、顧問人員和獨立承包商難免產生衝擊，而拜電子郵件、Zoom 和其他網路視訊工具所賜，各種壞消息隨時能突破地理位置的限制，傳到當事人耳裡。

然而，告知壞消息時，企業代表方應留意表達的內容和方式。請謹記以下在危機期間的溝通原則：

- 記得說明背景脈絡。將艱困的決策放在大環境的脈絡下解釋，指出其他公司和組織也不得不面對同樣艱難的抉擇。
- 展現同理心和憐憫之情。設身處地，體會員工遭解僱的感受。如果換成你是電子郵件的收件人，或是坐在視訊會議另一端的螢幕前，你會希望上司告訴你什麼消息？建議你在按下「傳送」按鈕或撥打電話前，先寫下準備要說的話，並讀給你信任的同事、好友或家人聽，參考他們的意見和想法。
- 說者無心，聽者有意。在這艱困的時刻遭公司開除或許不算完全意料之外，但當事人聽到壞消息後，依然很難釋懷。你所傳遞的訊息聽在對方耳裡，可能會產生不同的理解，而且適逢危機當下，你捎來的解僱噩耗可能會使對方的處境雪上加霜，更加煎熬。
- 你說話的對象不只一人。你所說的內容和表達方式可能會傳到當事人的朋友、家人、同事、鄰居耳裡，甚至登上社群媒體或新聞傳媒的版面。
- 可以的話，盡量帶給人希望。在適當的情況下，盡可能讓人覺得或許在危機平息之後，所有遭解僱的員工都能重新回到崗位。但如果連這樣的希望都很渺茫，也別給人錯誤的期待。誠實永遠是最上策。

一切尚未明朗

全球各地的疫情持續延燒不止，至今還有好幾個問題無法獲得解答。

- 這場危機何時會落幕？
- 這場危機只會發生這麼一次？還是每年都會捲土重來，就像流感一樣？
- 病毒會不會永久改變我們的生活和工作方式？
- 國內和全球的經濟何時才會完全復甦？
- 我們能不能記取這場危機帶來的教訓，在下一次面臨危機時有效應用？

放眼未來

儘管全世界仍在努力對抗新冠肺炎，這場危機所造成的衝擊至今也還餘波盪漾，但企業和組織未雨綢繆，做好迎接下一場危機的準備，永遠不嫌早。回顧人類歷史，危機總是一個接著一個發生，永無止盡。越早準備就緒越好。

關於本書

本書提供簡明又實際的寶貴建議和專業指示，協助你帶領企業或組織未雨綢繆，防範及管理危機、醜聞、災難或其他緊急事件，並在事後順利重回正軌。本書適合董事會、執行長、資深員工、企業溝通專家、人力資源經理和法務團隊，甚至是事件爆發當下需知道怎麼緊急應變的基層員工，都能從中受益，了解萬一發生危機或突發狀況，應採取哪些行動和作為。

有些情況可能無傷大雅，大不了就是短時間內深感困窘；有些情形則會造成長期傷害，甚至威脅到組織的存續。不管是遭遇哪種危機、為時多久，你都必須做好準備，以謀略、效率和成效兼備的方式謹慎應對。

閱讀本書的時機、原因和方法，取決於你的需求、優先考量，以及實際面對的情況。

- 如果你需要釐清現實，評估你對危機的整備程度，不妨從第一章「做了多少準備？最好趁早認清現況」讀起。本章提供小測驗及練習，能幫助你確定自己面對及處理不同情況時的準備程度。

- 如果你需要具體步驟來引導做好迎向危機的準備，建議你從第二章「毫無準備就等著失敗」開始讀。在本章中，你能了解如何制定及執行危機管理計畫、免費取用客製化的危機管理與溝通計畫，並掌握書中案例、軼事、啟示和建議的最新消息。
- 若你早已擬好計畫，但從未實際測試來確定計畫是否可行，請直接讀第三章「計畫實測」。本章透過實際案例和深入解析，說明各案例為什麼、以及如何練習應對不同緊急情況，並點出案例在真實危機中執行計畫後所獲得的啟發。
- 現在正好需要危機處理的相關協助嗎？快翻到第四章「禍從天降：實務典範」。本章針對各種緊急情況，提供管理及溝通方面的實用指引。
- 你所面臨的危機是否已引來新聞媒體的注目？還是你覺得之後有可能曝光？快參考第五章「危機期間的媒體互動」。
- 想借鏡他人的危機處理經驗嗎？不妨參閱第六章「從他人的成敗中學習」。如果你已擬定危機管理與溝通計畫，本章提供的軼事和案例能有效提醒你更新計畫、練習因應不同危機情境，並視需求適度修改計畫和可能的回應方式。有鑑於這部份內容相當重要，因此本章頁面的邊緣特地加上色邊，方便你快速找到所需內容。即使全書闔上，這一章的位置依然顯眼易見，有助於快速參閱。

- 正設法從危機的重創中恢復動能嗎？請參考第七章「止跌回升：從危機中浴火重生」。本章提供公司、組織和知名人物成功度過危機的實際範例，提出具體步驟協助你奠定東山再起的根基。
- 你很幸運地躲過了所有危機，不必面對危機帶來的壓力或期限，而有充分的時間做好事前準備？不妨把本書當成參考書籍，翻閱你或同事最感興趣的主題。

然而遺憾的是，在我動筆寫這本書前，全世界早已發生無數起危機事件，而在本書出版後，勢必還會有不少危機上演。《企業危機化解手冊》出版後，讀者仍可上我的網站（PublicRelations.com）隨時掌握書中危機案例的後續消息與報導。請到「危機最新動態」（Crisis Updates）頁面，依所示大小寫輸入密碼「CrisisAheadUpdates2020」。

釐清事實

本書奠基於以下幾個主要事實：

- 比起親身經歷任何困境，從別人的經驗中學習總是輕鬆、快速多了——即便是親身經歷，往往也只能事後悔悟，坦承早該做好哪些準備。
- 重點不在於企業是否會遭逢危機；危機必然降臨，發生的**時間**、**地點**、**嚴重程度**，以及**應變方式**才是關鍵。
- 組織大多欠缺面對危機所需的知識、技術或資源，或無法從衝擊中復原。他們通常沒有應變計畫，即便事前有所規劃，也不會實際測試，確認計畫能否有效回應實際狀況。
- 癡心妄想、寄託好運、推延處理、拒絕接受、妨礙溝通，這些都不是處理或防範危機的有效策略。這麼做通常只會讓事態惡化，無濟於事。
- 危機不會只爆發於特定國家、產業或領域，也不會選特定的日子或時間發生。任何公司、組織或知名人物隨時都可能遇上危機。
- 你可能需要明確的能力和資源（例如管理、行銷、廣告、法務、人資、公共關係、資訊技術），以利度過危機。根據不同情況，你可能需要向第一線人員、執法單位、醫療院所、金融專家、專業顧問或政府單位尋求援助。

- 危機發生後，許多事情都可能承受風險，例如：
  - ■企業公開交易的股票及私人持有的股份
  - ■企業的形象、聲譽、穩定性和未來發展
  - ■營收、獲利與未來收益
  - ■法律責任、官司和訴訟
  - ■保險理賠與保費
  - ■員工士氣
  - ■人員留任和招募
  - ■與顧客、客戶、廠商、供應商的關係
  - ■對非營利組織的參與和投入
  - ■個人的工作和職涯發展

本書所提供的建議、案例和事件取自以下來源：

- 我超過三十年的職場經驗，包括記者、公關顧問、危機管理專家、傳播媒體主

管，以及國會議員和政治人物的新聞祕書。

- 在兩個同業公會擔任執行長期間，處理內外部各種緊急情況的經歷。
- 提供建議、協助他人應對各種危機的過往經驗。我曾協助的問題包括：

■執行長遭逮捕及開除
■遭控性騷擾
■行為違反道德及專業標準
■仇恨犯罪
■偽造文書
■天然氣外洩與爆炸
■侵犯產權
■海鮮食安
■個人黑歷史
■同業公會的政策遭遇強烈反彈
■企業財務管理不善
■國家的血液供應安全

■企業或個人破產
■挽救國際企業的形象和商譽
• 為上百名執行長和企業高層開設的危機管理和溝通培訓課程。
• 我在第一本著作《成名十五分鐘》（*Getting Your 15 Minutes of Fame and More!*）中針對公關策略、手法和技巧所給予的建議。這些建議收錄在第二章（備妥危機應變計畫）和第五章（危機期間與媒體合作）。
• 對那些為危機做好準備或曾管理過危機的人的訪談內容。
• 我對上千則新聞報導的分析，深入解析全球超過十種產業和專業領域的企業、組織、個人如何應對上百種危險因子。

愛德華．席格
二〇二一年七月一日寫於華盛頓

PART 1

做了多少準備？最好趁早認清現況

一味忽視徵兆、否決事實和一廂情願，會讓人永遠無法防範及管理危機，也無法從重創中復原。

假設你剛得知，IT部門有人寄了封不恰當的電子郵件給所有客戶、廠商和媒體窗口，信件內容包括貶低你人格的評論，以及有損你形象的糗照。

你會怎麼做？

千萬別等到危機爆發了，才認清自己是否已做好了準備。答案肯定會讓你大失所望。保守猜測，如果你正在讀這本書，我會假設你想知道危機來襲時，你可以／應該怎麼應對。第一步是檢視現實，釐清你可能誘發危機的弱點，並提前設想因應之道，做好準備。

危機管理10R

有幾個重要步驟可以協助你做好萬全準備，迎向任何可能的危機。我已將這些步驟濃縮歸納成以下十大原則，統稱為「危機管理10R」。

1. 風險（Risk）。找出組織中可能釀成危機的風險因子。基於業務性質不同，某些風險可能只有你的公司才有。舉個例子，如果你經營的是航空公司，空難就會是其中一個風險因子；相對之下，諸如侵占公款或性騷擾等事件，則是所有企業的共通風險。

2. 減少（Reduce）。審慎採取必要措施，減少已知風險，包括實施基本的會計程序，以防範詐騙和偽造行為，乃至採取更全面的行動，例如提供員工適當的教育訓練或重新培訓。

3. 整備（Ready）。預先擬定危機因應計畫，以利需要時能即刻實行。計畫無法一體適用，應依照你所屬組織和產業的需求和現況量身打造。

4. 備援（Redundancies）。訂定備案和應急計畫，以備不時之需。計畫不可能考量到所有事情，因此可能需要不只一個備案，以防萬一。

5. 研究（Research）。盡力收集與危機相關的所有資訊，統整之前、現在或未來預計會發生的事。掌握與情況相關的人員、概況、地點、時間、原因和方式，能有助於施展策略，在兼顧效率的前提下，有效地回應危機。

6. 演練（Rehearse）。定期演練計畫（至少一年一次）。有計畫但從未實際演練，幾乎等同於毫無計畫。演練越多次，準備就越充足，萬一哪天真的有需要，才不會無所適從。

7. 反應（React）。必要時啟動計畫。了解哪些因素會觸發危機，並確立不同危機情境的因應辦法。一旦發生危機，勢必沒有時間慢慢嘗試及摸索。

8. 聯繫（Reach Out）。立即找到受危機影響或對危機有所疑慮的人員，與其溝通。公司或組織的業務可能牽涉不同的社會大眾和利害關係者，他們可能會受影響，亟欲了解危機帶來的後果。

9. 復原（Recover）。了解該如何走出危機的陰霾。預先規劃如何從災難、醜聞或其他緊急事件中重回正軌，與事前制定應變計畫一樣重要。危機發生後，你必須儘快重回正常狀態，而復原計畫正是能助你一臂之力的利器。

10. 借鏡（Remember）。謹記前人歷經危機的經驗。你會選擇怎麼做來趨吉避凶？想要有效因應及管理危機，以及從重創中復原，不一定要從零開始打造最佳方案。許多現成的實例和啟示都值得學習。

在危機面前你有多脆弱？

雖然沒辦法保證你絕對不會遭逢任何類型的危機，但其實有方法能判定你有多容易受危機侵擾。回答以下二十六道問題，就能概略了解你陷入危機的機率。你的答案能幫助你釐清第一個 R，也就是「風險」。請試著找出可能為你的組織帶來危機的風險因子。風險因子的類型和風險對公司和組織造成的影響程度，會決定風險演化成危機的門檻。舉例而言，即便新產品在市場上反應不佳，跨國集團或許還有能力消化這場失敗，繼續經營，但小型新創公司可能就沒這麼幸運了。不過，諸如性騷擾或職場霸凌之類的事件，對各種規模的組織來說都可能是危機的導火線。

是	否	
		1. 貴公司所屬的產業或領域是否曾發生意外，例如醫療、交通、營建、航空或化學製程？ 弱點：基於業務性質，貴公司可能比較容易爆發危機。
		2. 貴公司是否曾推出新產品或服務？未來會嗎？ 弱點：產品或服務可能不受市場青睞，進而影響貴公司的盈利、競爭力、員工留任率等表現。

3. 貴公司是否曾有產品或服務在市場上表現不佳？
弱點：盈利可能受創，連帶影響形象、商譽、信用、吸引力和員工留任率。

4. 貴公司的銷售額、營收或獲利近來是否下跌？
弱點：盈利可能受創，連帶影響形象、商譽、信用、吸引力和員工留任率。

5. 你是否處於高度競爭的產業或領域？
弱點：你可能沒有適當的資源，無法從競爭中脫穎而出；你可能是競爭對手惡意併購的目標；你的客戶、顧客或員工可能轉身投入競爭廠商的懷抱。

6. 員工或高階主管的流動率是否很高？
弱點：當初那批支撐公司競爭力或締造輝煌成績的要角可能早已離開公司。

7. 年紀或性別是否是你聘僱及開除員工的依據？
弱點：員工可能會控訴你性別或年齡歧視。

8. 是否有人曾控告公司的職場環境不友善？
弱點：你可能會吃上官司；重要員工可能會另謀高就，越來越難吸引新的人才。

9. 你的客群組成是否不夠多元？
弱點：業務基礎可能過於薄弱，公司未來的發展可能危機四伏。

10. 貴公司的高層主管是否出差？

弱點：這些重要人物可能會在途中發生意外而受傷或死亡，去到某些國家甚至可能遭遇搶劫或綁架。他們也可能因為旅程延誤，而錯過重要的會議或會談。

11. 公司支票是否只需一人簽名即可生效？

弱點：缺乏適當的會計查核及制衡下，貴公司可能會發生侵占公款或詐騙等事件。

12. 貴公司是否屬於受政府高度管制的產業，例如銀行、醫療或石油業？

弱點：政府提倡或頒布的規定可能會損害貴公司利益，削減公司的競爭力。

13. 貴公司的產品或服務是否賣到海外？

弱點：其他國家一旦推行新規定、法律或關稅稅率，都會影響你製造及行銷產品或服務的能力。

14. 貴公司是否購買廣告來行銷產品、服務或專業能力？

弱點：廣告相關成本可能增加，使公司行銷及宣傳的開銷更龐大。

15. 你是否與顧問、廠商、經銷商、加盟商、兼職人員合作？

弱點：他們可能犯錯或判斷錯誤，連帶提高你在時間、金錢、信用和業務等方面的成本。

16. 貴公司所在的國家是否或可能政治動盪，暴戾風氣盛行？
弱點：貴公司未來可能承受龐大風險，員工的生命和安全可能遭受波及。

17. 公司附近有沒有森林或大片植被？
弱點：貴公司可能因為火災或野火而被迫關閉或蒙受損失。

18. 你是否將電腦檔案存放在雲端？
弱點：檔案和文件可能遭駭。

19. 你的電腦是否連上網路？
弱點：電腦可能當機或遭駭。

20. 你是否開放員工使用個人電腦在家上班？
弱點：電腦可能當機、遭駭或遭受攻擊。

21. 貴公司是否經營社群媒體？
弱點：貴公司的社群媒體平台可能不安全，有可能遭駭客、病毒和間諜軟體入侵。

22. 你的辦公室或公司是否靠近河流或火車鐵軌？
弱點：貴公司可能受水災或火車事故所影響。

23. 你所在的地區是否時常地震？
弱點：大地震可能會造成人員傷亡、財產損失、建築物損壞、員工無法上班，公司營運也可能因而受創。

24. 你的辦公室或公司大樓是否鄰近天然氣管線？
弱點：越靠近天然氣管線，越可能受天然氣外洩、火災或爆炸等事故影響。

25. 你所在的區域是否容易淹水，或時常有颱風、暴風雪或其他激烈的天氣型態發生？
弱點：天災可能會影響貴公司的活動和營運。

26. 你的辦公室或公司大樓是否靠近山區或座落在山坡上？
弱點：大雨過後，建築物可能會受土石崩滑或土石流影響。

你發生危機的機率有多高呢？上述問題每回答一次「是」可得四分，請將分數加總：

得分：	
80（含）以上	暴風雨隨時來臨
72～76	晚上可能睡不安穩
60～68	發生壞事並不意外
56（含）以下	情況有可能比預期更糟

做好面對危機的準備了嗎？

既然你已知道自己遭遇危機的機會有多高，接下來該檢測你是否已做好處理危機的準備。

一味忽視徵兆、否決事實和一廂情願，會讓人永遠無法防範及管理危機，或從重創中復原。那些登上「危機名人堂」的個人和公司都曾堅信自己永遠不會碰上危機，也從不做好應對危機、災難、醜聞或緊急事件的準備，直到最後才悔悟自己根本錯得徹底。血淋淋的例子就在眼前，為何要讓自己走上同樣的路？不如立即檢視你自己或組織的整備狀況（抑或是毫無準備），避免危機爆發時措手不及。

請完成以下測驗，了解你的危機整備程度：

你是否能在兩分鐘內找到以下人員？

	是	否	不清楚
1. 重要職員			
2. 管理委員會			

	是	否	不清楚
3. 董事會			
4. 律師			
5. 網路專家或資訊科技公司			
6. 會計師或財務顧問			
7. 保險專員			

以下這些人員是否知道快速聯絡上你的方式？

	是	否	不清楚
8. 重要職員			
9. 管理委員會			
10. 董事會			
11. 律師			
12. 網路專家或資訊科技公司			
13. 會計師或財務顧問			
14. 保險專員			

你的手機或行動裝置中是否存有以下人員的聯絡方式？

	是	否	不清楚
15. 第一線應變人員			
16. 市長和其他政府官員			
17. 所在地區的新聞媒體			
18. 公司的醫療人員			

你是否：

	是	否	不清楚
19. 擁有定期更新的危機應變計畫？			
20. 每年舉辦演習，測試應變能力？			
21. 熟知可能使公司陷入危機的導火線？			
22. 了解面對危機時應詢問哪些重要問題？			
23. 握有危機爆發時的緊急聯絡名單？			
24. 知道部屬的電子信箱和電話？			

你是否已擬定以下事項的相關政策或程序？

	是	否	不清楚
25. 備份重要檔案和文件，並有紙本備份？			
26. 知道你所在地的手機通訊是否暢通？			
27. 知道筆電、平板和手機放在哪裡？			
28. 知道在哪裡能上網？			
29. 為辦公室或辦公大樓安裝火警警報器？			
30. 為辦公室或辦公大樓安裝消防灑水系統？			
31. 為辦公室或辦公大樓裝設安全警報系統？			
32. 領導者接班			
33. 人員聘僱			
34. 人員革職			
35. 新進員工背景調查			
36. 企業主管背景調查			
37. 行為準則			

38. 紀律處分

39. 性騷擾

40. 檢舉內部弊端

41. 網路、電子郵件和社群媒體

42. 人力資源

43. 機會均等

44. 資料備份和復原

45. 工作流程

46. 年度投資檢討

47. 反歧視

48. 反舞弊

49. 防侵占公款

50. 年度保險政策審核

成績揭曉

你做了多少準備？每回答一題「是」可得兩分，請加總分數：

得分：	
90～100	已做好萬全準備
80～88	準備還算周全
70～78	要再加把勁
60～68	有很大的進步空間
0～58	最好祈禱近期內別出事

如果想要提高分數，請即刻採取具體行動，將每個「否」或「不清楚」修正為「是」。建議每年至少自我檢測一次，確保你已盡可能準備就緒，迎接任何危機。

你會怎麼做？

只可惜，再多預防措施都不可能徹底防止所有想得到的危機、醜聞或緊急事件。

好消息是，雖然無法防範每一個潛在危機，但至少你能預先做好準備，迎接所有可能迎面而來的狀況。其中一種辦法就是透過角色扮演，思考一些可能的危機情境。

萬一假設的情境不幸成真，你在事前的準備越紮實，就越能游刃有餘地化解危機。

以下列舉幾十種不同情境，這些嚴重狀況都是企業、組織和個人曾發生過的真實事件，而每一種情形都有可能演變成危機，對公司造成衝擊。隨意挑個情境靜下心好好思考；如果你熱愛挑戰，不妨逐一檢視。面對每種情境時，請自問以下問題，反思可能的應對方式。

1. 你會怎麼做？以怎樣的順序處理？

2. 你會怎麼向以下重要人員或利害關係人描述危機：

a. 董事會

b. 員工

c. 客戶

d. 股東／投資人

e. 廠商

f. 社會大眾／目標客群

g. 新聞媒體

3. 你會採取哪些作為，確保你的公司不會發生類似的危機？

這個練習隨時都能進行，次數不限。你可以現在就思考一個或多個情境，測量你的「危機ＩＱ」，也可以稍後閱讀其他章節時，再回頭參考各種情境，實際運用從書中學到的知識。或者，你也可以先看完整本書，再用這些情境來檢測自己的危機管理和溝通能力。

情境：地震

一場大地震在午餐時間來襲，震倒了你辦公室附近好幾棟建築物。之後又發生了好幾次餘震，而且還有可能發生。辦公室內的燈閃爍不明，電話斷線，電腦也無法使用。部分同仁外出用餐還沒回來。

情境：產品瑕疵

政府官員收到一連串申訴後，開始著手調查及檢測你的某項產品，最後在今天宣布，該產品確定不符安全標準，應立即下架回收。官員表示，除非你即刻公告回收及下架產品，否則他們會自行向媒體宣布相關消息，並對你的公司祭出罰鍰和制裁。

情境：生病

你為員工舉辦的感恩餐會相當成功，但在活動結束幾小時後，你開始收到電話和電子信件，得知好幾個同仁疑似食物中毒而送醫。此時，你也開始覺得身體有點不太對勁。

情境：火災

新聞報導指出，國外遊行示威的民眾在市區的多棟建築物縱火，而你公司的國際銷售處就位在同一處。辦公室遭火勢波及而嚴重受損，但你目前無法聯繫上任何人，無法釐清實際狀況，包括員工是否安然無恙，以及公司的電腦是否安全。

情境：龍捲風警報

政府當局已對你公司總部的所在地發布龍捲風警報，而且已有多人目擊龍捲風。公司同仁對自身和家人的安全感到憂心。

情境：恐同

有個重要的資深員工上個月在公司出櫃。過去幾天，部分員工和客戶顯然不願與他有所互動，並表示他的性向讓人不太舒服。今天稍早，有人發現公司廁所的鏡子上出現了手寫的反同言論。

情境：歧視

門市經理要求一名跨性別顧客離開，因為「我們不服務像你這樣的客人」。那位顧客拒絕了經理的要求，於是經理馬上報警，而警方在經理的堅持下，以顧客擅自進入店家為由逮捕了他。當時店內其他顧客拿手機錄下了整起事件的發生過程，現在這部影片已廣為流傳，引起軒然大波。

情境：種族詆毀

公司執行長最近在某場雞尾酒會上，以蔑視的字詞形容主要競爭對手的總裁，消遣了他／她的種族身分，而這一切都被錄了下來。有人將這段錄影傳給新聞媒體，登上了當天的晚間新聞。民權組織現在要求執行長下台，或希望貴公司予以開除。

情境：偽造文書

助理指控財務副總在支票和其他文件上偽造你的簽名。董事長已得知相關消息，並要求你說明為何未告知董事會這件事，以及你打算怎麼處理。

情境：死亡

公司執行長史密斯的老婆來電，語帶哽咽地告訴你，史密斯在今早上班路上發生車禍逝世。不僅如此，公司總裁瓊斯當時也在車上，但她不曉得瓊斯是否已脫離險境。你還來不及問清楚細節，她就哭著掛了電話。

情境：挾持人質

你在大飯店的宴會廳招待公司的重要客戶，感謝他們一整年來的支持。賓客用餐途中，有個員工告訴你外頭發生騷動。你前往查看，發現大廳部署了大批警力，而持槍歹徒挾持了人質，藏身在飯店的某一處。

情境：水災和土石流

最近，貴公司附近才剛發生一場大火，原本為了水土保持而種植的林木燃燒殆盡。不料屋漏偏逢連夜雨，近日一連下了好幾天大雨，更慘的是，研究報告指出，當地有很高的機率會發生土石流。

情境：侵占公款

會計事務所正在為貴公司執行年度稽核。會計師與你聯繫表達疑慮，說她發現某人似乎盜用了公司資金。稽核作業要幾個禮拜後才會完成，但她希望先通報你這件事。

情境：不道德行為

你加入的全國同業公會訂有嚴格的倫理規範，並要求成員確實遵守。依規定，貴公司的所有員工都應遵循該組織制定的行為準則與規範。然而，公司已接獲好幾位民眾投訴，指控公司某銷售經理與其部屬的行為有違道德標準。

情境：竄改有效期限

貴公司的零食商品相當受消費者歡迎，但當地醫院公開指出，已有多名病患吃了貴公司的產品後身體嚴重不適。政府機關認為，銷售門市或製造廠有人蓄意竄改產品的有效期限，才引發這起食安事件。

情境：網站發文

上個禮拜被開除的員工在職場資訊交流網站上發文表示，她和其他幾名同事受到年齡歧視才會遭公司解僱。這名前員工提出她上一份工作的績效評比結果，支持這項指控。評比報告中，她獲得績優評等，表現不俗。

情境：批評

幾天前剛推出的產品現正如火如荼宣傳中，但由於包裝設計觸動了社會大眾對於種族議題的敏感神經，因此備受爭議。不少團體和組織要求公司立即下架產品，社群網站上也隨處可見對該產品的負面評價。因為這起爭議，產品的網路銷量開始下滑。

情境：槍擊事件

下班回家路上，你一邊開車一邊聽著廣播，此時新聞報導傳來一則消息：持槍歹徒在國內某家知名飯店殺了至少九個無辜民眾，那家飯店目前正在舉辦貿易展，而你公司的參展攤位正巧位於案發現場附近。

情境：化學毒劑外洩

你在辦公室聽見外頭有警察拿著大聲公廣播，附近高速公路上有輛油罐車翻覆，致命的化學藥劑灑了一地。警方要所有人待在室內，不得外出。

情境：停電

你是一家地方醫院的院長，院內病床數超過五百床。十分鐘前，院內的燈光開始閃爍，接著整棟建築物電力全失，陷入一片漆黑。更糟的是，備援的發電機並未如期啟動。你的呼叫器嗶嗶作響，智慧型手機也接連收到好幾則緊急訊息。

情境：仇恨言論

禮拜五下班後，好幾名員工相約小酌放鬆，只不過他們最後喝了太多，失控拍了一支言論失當的影片，並發布到網路上。影片中，他們提到其他婉拒聚會的同事，並用了反猶太人和穆斯林的字句形容他們。這部影片成了 YouTube 的熱門影片，還有一群白人民族主義者在 Twitter 上大肆轉推影片，稱讚你的公司聘請了與他們立場相同的「優秀」人才。

情境：勒索軟體

你收到一封郵件，寄件人宣稱已控制你的所有電腦。對方表示，除非你在明天早上十點前支付四十枚比特幣，否則他們就要刪除電腦上的所有資料。

情境：影片遭移花接木

目前正值競選期間，而你是尋求連任的著名政治人物。祕書長剛剛告訴你，有心人士在網路上發布了一支移花接木的影片，你在影片中「親口承認」與競選對手的妻子有一腿。

情境：酒駕

代言你公司商品的名人因酒駕而遭逮捕，目前拘留在市區的警局。某主流財經刊物的記者接獲線報並主動與你聯絡，她留言請你立即回電。

情境：未成年色情影片

你的人資主管在公司的電腦中存放未成年色情影片，家裡的筆電中也有這類不當的影音內容，因而遭警方逮捕。他宣稱，公司有人覬覦他的職位，才設下這個圈套誣陷他。

情境：抗議

你在上個月開除了一名工作績效低落的員工，但他離職後呼朋引伴，現在聚集於你的辦公大樓外抗議。他們對外宣稱你歧視同志族群（當然沒這回事）。

情境：破產

幾次產品發表失利後，公司的資金不斷流失。會計師和銀行不約而同表示，你應該儘快正視這個問題，認真思考是否要宣布破產。

情境：檢舉內部弊端

資深的記帳部門員工宣稱握有公司內部弊端的相關資料。她對你表示，打算將證據呈交給執法官員。

情境：意外事故

貴公司最近在好幾個城市推出電動車共享服務，但未事先取得地方政府的核准。新聞報導，其中某個城市的使用者在騎乘電動車時發生意外，奪走了一對母子的生命，而這則消息剛剛傳到你的耳裡。

情境：氣體外洩

你是天然氣公用事業的總裁，公司為好幾座大城市提供天然氣。近來越來越多客戶反映氣體外洩問題，但由於你不願撥經費修護管線，安全長不得不表達他對此問題的擔憂。他在一分鐘前來電，通報你公司供氣的社區發生氣爆意外。

情境：職場安全

貨運部門主管來電通知，堆高存放的貨箱倒塌，壓傷了一名員工。部門馬上叫了救護車，醫護人員正在前來的路上。

情境：勒索

貴公司的法務團隊近來持續與某廠商的律師激烈商議一份攸關幾百萬美元的合約。該律師現在表示要取消協商，如果你未在四十八小時內付清合約上的金額，他就要向媒體揭發不利你和公司董事會的資訊。

情境：抵制

貴公司最暢銷的產品價格漲了百分之二十，使顧客不太開心。現在，他們紛紛在社群媒體平台上表達不滿。

情境：污染

美國食品藥品監督管理局（The US Food and Drug Administration）通知你，貴公

司製造的某款成藥檢測出雜質。他們認為，某間廠房的製程一定已受到污染。

情境：抄襲

貴公司製作了一款熱門的線上遊戲，風靡全球。有人在網路上指稱，遊戲中使用的影片畫面與另一家公司製作的遊戲雷同。

情境：廣告

廣告部門從網路串流節目擷取了部分影音片段，用來製作社群媒體廣告。你剛收到該串流服務法律事務所寄來的信函，指出貴公司並未取得影片的使用授權，威脅要提出告訴。

情境：婚外情

貴公司的財務副總承諾部門內某個女員工，如果她願意與他交往，升遷及加薪都不是問題。你已得知這件事，也獲悉女員工錄了幾段與副總的曖昧互動並告知同事這段關係，現在她更威脅要向董事會告發。

情境：疏忽細節

貴公司製作地圖在網路上販售，而你剛才得知地圖上有好幾個國名錯誤。

情境：禁用產品

國內最有名的電子菸由貴公司生產，但公司總部所在的州近日通過法案，日後所有電子菸都列為違法商品。

情境：產業間諜

你剛發現公司研發部門主管竊取了競爭廠商的最新產品計畫，業界謠傳這項產品預計會在明年正式量產。

情境：職場暴力

上禮拜，某員工因為未得到滿意的績效審核結果而心生怨懟。今早他帶槍進公司，開槍傷及好幾個同仁。現在他威脅殺害其他員工。他開了第一槍後，就有員工馬上報警，但警方尚未到場。

情境：供應短缺

供應貴公司某產品重要零件的廠商剛來電通知，他們的原料意外用罄，暫時無法再製造那些零件。

情境：裁員

鑒於最近的銷售表現下滑，你不得不做出艱難的決策，解僱公司一半的員工。不這麼做，公司就有可能面臨破產的命運。

情境：透明化

顧客致電客服中心，抱怨貴公司製造的智慧型手機電池無法正常充電。上個月產品上市時，你就注意到了這個問題，當時你甚至暗自希望不會有人發現。

情境：性侵兒童

你是一間小教堂的牧師。某個教友剛告訴你，附近那家教堂的牧師會性侵教徒的小孩。

情境：調查

調查指出，貴公司總裁濫用公司經費，以公司信用卡支付家族旅遊和高檔餐廳等私人開銷。有些員工在一份下禮拜準備向董事會呈報的報告中發現了這件醜聞，他們紛紛在社群媒體上留言討論。

情境：薪酬平等

如同許多組織一樣，貴公司給予女性員工的報酬遠少於男性，即便他們的職務內容並無二致。現在，占公司總人數一半的女性同仁希望你立即解決男女同工不同酬的問題，否則就要集體離職。

情境：種族貌相判定

你是一家新車經銷商的老闆。店內銷售人員叫一對西班牙裔情侶離開，因為「你們這種人買不起我們家的車，也不懂怎麼在我們國家開車」。那對情侶拒絕離開，所以總經理報警處理，後來警察以非法侵入為由將他們逮捕。

情境：文件銷毀

資訊安全部曾向你打包票，公司內與發展歷程有關的所有重要文件都有電子備份檔，但現在你才發現，只有一半文件完成數位化，剩下的文件早在上個月倉庫失火時付之一炬。

情境：推卸責任

貴公司是全球某款熱門客機的製造商。昨天，有架貴公司出廠的飛機不幸失事，機上所有乘客全數罹難。今天早上，董事長在記者會上將這起空難歸咎於「白痴機長不會開飛機」。

情境：罰鍰

你是煉油廠的總裁。幾年來，你轄下的油廠不斷排放有毒化學氣體，官員憤而控告貴公司違反空污防治法，最後勝訴。今天早上，法官對煉油廠祭出五千萬美元的鉅額罰鍰。

情境：打官司

二十名在職員工向新聞媒體爆料，指控貴公司歧視弱勢員工，因此他們打算對公司提告。

情境：假報警

有人打電話報警，聲稱貴公司的辦公室傳出槍聲。警方很快就破門而入，槍枝上膛，並命令所有人趴下，將雙手放在腦後。警方釐清現場狀況後恍然大悟，根本沒人開槍，所有人都安然無恙。對此，你認為是有心人士故意惡作劇，讓所有人虛驚一場。

情境：國會作證

身為全國財經服務公司的董事長，你應國會要求出席聽證會，說明為何駭客有辦法竊取上百萬名顧客的私人機密資訊和相關記錄。

情境：慘遭解僱

你是國內某家知名企業的主管。董事會剛才通知你，由於你的績效評比結果不夠亮眼，加上你未能帶領公司創造令人滿意的獲利，因此董事會決定終止你的聘僱合約。公關部已備妥新聞稿，準備對外宣布這項消息，現在那篇新聞稿已靜靜地躺在你的公司信箱中。

情境：哄抬價格

貴公司生產的某種藥物能有效治療某種癌症，在市場上獨霸一方。有鑑於公司投入鉅資研發這項藥物，於是你今天宣布，該藥物的售價即將上調百分之五百。對於這項決議，所有社群媒體平台早已湧現批評聲浪，社會輿論一面倒。

情境：逃漏稅

今天的《華爾街日報》以頭版大肆報導，過去三年間，每年都有不下十家企業逃漏稅，而貴公司正是逃稅大戶之一。Facebook 上輿論沸騰，網友紛紛批評貴公司未善盡社會義務，誠實納稅。

情境：財經新聞

行銷和銷售部門剛剛捎來一則壞消息。最近一季的銷售數據不如預期，雖然新產品已排定明年上市，但預售業績不佳。你預計在下禮拜與投資人會面，準備說服他們挹注更多資金，協助公司研發下一代新產品。公關部傳來訊息，通知你《華爾街日報》有意前來採訪，深入介紹公司。

情境：非法移民

你的營建公司聘請非法移民。政府最近突襲檢查你的所有工地，逮捕了十幾個無法提出合法居留文件的員工。因公司僱用非法移民，主管需繳納罰金，甚至入獄。

情境：領導失靈

你是某企業的總裁。昨晚接受地方電視台現場專訪前，你已明顯喝醉。訪問開始後，你不僅辱罵記者，還企圖打人，然後步履闌珊地離開現場。今天上午，公司董事會召開緊急會議商討對策，並在會後表示，由於你昨晚的行為失當，他們不再信任你領導公司的能力。

情境：企業重組

為避免你的製造公司倒閉，你決定推動企業重組，放手一搏。過程中，你必須解僱數百名員工、關閉三間廠房，並整併公司內好幾個部門。

情境：選舉

貴公司在海外設立了好幾家工廠，其中幾個生產據點的所在國家最近才剛舉辦總統大選。為了兌現選前的承認，新任總統希望你的工廠能多聘用當地人，協助降低失業率。如果你不合作，該國政府會取消與貴公司的幾份優渥合約，以此要脅你配合。

情境：惡作劇

你在某家消費產品公司擔任行銷總監，旗下的熱銷產品包括一款洗碗機的清潔膠囊。部屬剛告訴你，最近青少年流行比賽吞食清潔膠囊，並拍成影片上傳到YouTube。

情境：野火

你是一家主題樂園的老闆，樂園就在一條主要高速公路附近，交通便利，而不遠處的林木茂密，自然環境優美。然而此時此刻，消防隊在距離樂園約兩公里之外的地區奮力對抗熊熊大火，且目前看不到任何火勢趨緩的跡象。消防局希望你立即下令關閉樂園。

情境：性騷擾

好幾名女性員工不約而同抱怨，某個主管故意與她們有不當的肢體碰觸，而且時常開黃腔，行為令人反感。

情境：募資

即便你再努力，你的新創公司依然沒有足夠的收入來支應各項開銷，更不用說要獲利了。當初提供資金協助你開公司的金主，現今全都揚言不排除撤資，除非你在十二個月內反虧為盈，否則公司前景恐凶多吉少。

情境：謠言

你是某家連鎖速食餐廳的老闆，分店遍布全國。近日網路上謠傳，由於好幾家分店不賺錢，因此你準備關掉那些分店。雖然謠言說中了部分事實，但來得不是時候——其實你正著手興建更多分店，準備開幕營業。

情境：文件外流

知名財經出版公司請你提供部分文件，協助他們製作貴公司的專題報導，但問題在於，你認為那些文件屬於內部機密資料，不便外流。你告訴記者，你不願意提供他們想索取的資料，但記者發現，貴公司已有人偷偷將文件流出。

情境：恐怖攻擊

你是一家國際連鎖飯店的執行長。CNN 等多家新聞台報導，恐怖份子轟炸了貴公司在海外的飯店，據信已有數百名房客受傷，且有超過十人喪命。

情境：行銷噱頭

你是區域性連鎖實體書店的負責人。為了爭取媒體曝光，你對外宣布，書店內有幾本書中藏著尋寶線索，能指引幸運讀者找到裝滿現金的藏寶箱。消息公布不久後，店經理便回報，現在各分店猶如遭遇蝗蟲過境，狂熱的讀者在店內翻箱倒櫃，現場一片混亂。各分店皆已報警。

情境：說謊

你是二手車經銷商的老闆。為了方便推銷店內的車，你要求修車技師找出行車里程數偏高的汽車，調降其里程數據。有些顧客買了車之後，懷疑實際的里程數與當初經銷商的說詞不符，於是紛紛轉向執法單位申訴。

情境：辭職

你是某家企業的董事長。近來，公司總裁遭陪審團起訴，而她日前已向董事會提出辭呈，表示「想多點時間陪陪家人」。她在辭呈中對起訴一事隻字未提。

以上各種危機情境均能檢測組織的應變能力。只要利用這些可能的情況多加練習，你就能更清楚事先應做好哪些準備，才能在真正遭遇危機時臨危不亂。

PART 2

毫無準備就等著失敗

事前準備時，毫無預設立場地做足一切準備才是上策。

應備妥危機應變計畫的十個理由

本書提出為何你需立即擬定計畫的十個理由。就像買保險一樣，沒人希望應變計畫有天會派上用場，但萬一需要時能有現成的計畫可供依循，總是讓人安心許多。

之所以要提前準備好計畫，是因為危機一旦爆發，你需要迅速掌握以下事項：

- 該做哪些事
- 誰該挺身而出
- 何時採取行動
- 該在何處採取行動
- 為何你應該負責
- 該怎麼做

另外，也要有份計畫涵蓋以下重點：

- 保護貴公司的人員、資產、信用、形象和聲譽
- 穩住資深職員、員工和利害關係人的信心
- 減少危機對貴公司／組織的衝擊

• 儘快擺脫陰霾，邁步向前

就算你已制定計畫，在真正實行之前，還有一些必要資訊需要確實掌握。建議你問問自己第 32 頁列的那幾個問題，這能幫助你認清及取得這些資訊。

預警系統

留意各種管道可能浮現的危機預兆並提高警覺（例如網路和社群媒體），是非常重要的。員工、顧客或社會大眾在網站、Twitter、Facebook 和部落格上發表的文章，可能指引你發現問題所在並適時介入處理，以免小問題演變成大規模的危機。換個角度來說，這類網路言論也可能為你爭取充分時間，讓你能預先做好準備，從容應對無可迴避的情勢。不管如何，能越早發現跡象越好。

舉例來說，你可以在 Google 設定個別警示，讓系統將特定關鍵字和主題的新聞和資訊自動寄送給你，這樣你就能提早關注相關議題和事件，避免公司或組織爆發危機。此外，你也能參考 Yelp 和 Glassdoor 等網站，了解社會大眾對你公司、產品或服務的觀感。

有些企業鼓勵員工與顧客在網路上交談，以便他們能夠快速回應問題、疑慮或批評。這類對話有助於提早化解紛爭，防止日後發生更嚴重的問題而難以收拾。無論你實際採取哪些措施，千萬別等到最後關頭，才去了解外界對你所屬組織的觀感與評價。

正確之道

預先準備就緒及回應危機的方法有對有錯。錯誤的方式包括：指望好運，祈禱永遠無災無難；忽視可能引發危機的眾多風險和狀況；拒絕相信組織可能發生危機；以隨性的態度看待危機。

這些做法不僅絕對無效，而且會讓情況雪上加霜，包括你本人、公司及所有相關人員都會受到影響。正確的危機因應之道是要做到以下幾點：

- 蓄勢待發，快速反應
- 掌握與危機有關的一切事實
- 提前部署，指定所有人的工作、了解行事動機，並妥善規劃時間、地點、執行

方式

- 擬定備案及應急計畫
- 知道危機發生時應找誰商討對策，並了解聯繫對方的適當時間、原因和管道
- 拋棄所有成見
- 視意外為家常便飯，即使事情變得更糟也別驚訝
- 確認計畫有效
- 揮別陰霾，儘快重回正軌

計畫的功用包括：

- 針對危機預做準備
- 測試你對不同情況的回應能力
- 引領你度過真正的危機

打造專屬應變計畫

本章最後會提供一份通用的危機應變計畫書，供你依照公司或組織的需求和實際

情況，自行填寫。你也可以在此基礎上，根據不同危機狀況編寫不同計畫（請參照從第 159 頁開始的常見危機導火線）。該範本羅列各種資訊類別，你可以依照公司和危機的情況加以填寫，製作你專屬的計畫。

我的網站（PublicRelations.com）也提供了 Word 格式的範本。歡迎到「自訂危機應變計畫」（Customized Crisis Plan）頁面，依所示大小寫輸入密碼「CrisisPlan2020」，找到空白的計畫書。之後，你就能複製或下載該範本，依說明填寫資訊，並視需求調整及更新計畫內容。請務必定期檢討計畫，以確保計畫能與時俱進，在真正需要時派上用場。

備案很重要

務必設想最糟糕的情況，以此為基礎提前準備，不僅要熟悉各種不同類型的危機，也要了解該如何回應。從實務的角度來看，如果計畫和團隊無法及時啟動，這和毫無計畫和團隊編制有何差別？舉個例子，萬一發生嚴重的大地震，情況如下所述，你會怎麼做？

- 存放危機應變計畫的電腦和網路故障，無法使用。
- 危機管理團隊的成員在地震中罹難或受傷，或因為沒有手機訊號而無法彼此聯絡。
- 負責啟動危機作業的總裁不在國內，暫時聯繫不上。

事前準備時，最好不要預設任何條件，盡可能設想所有可能情況，力求面面俱到。

阿波羅十一號在一九六九年首度登陸月球時，其實沒有任何緊急應變計畫，要是返回地球途中出任何差錯，後果恐怕不堪設想。簡言之，至少應該擬定一套備案，以因應任何意外。為什麼？因為你可能沒辦法像當時那些太空人一樣那麼幸運。

危機管理團隊

危機爆發後，你必須迅速且果斷地採取行動。換句話說，制定決策及核准任何事項、執行決策內容，以及推動任何有助於紓緩及解決問題的措施時，都應該盡可能清除一切阻礙。

開始思考由誰負責處理危機，永遠不嫌早。可能是你本人、企業高層、外聘的專家、員工和主管共組的應變團隊，或是以上各路人馬齊力合作，都有可能。重點在於：如果沒人付諸實行，世界上再好的危機因應計畫都無濟於事。如果等到爆發危機才緊急指派因應小組出面處理，一定會浪費一些寶貴時間，錯失即刻處理危機的機會。

危機管理團隊。在大部分危機中，擁有一支危機應變團隊和領導者才是上策。他們的背景、組成和責任會依公司和危機的本質而異。雖然團隊成員可能會依危機有所不同，但可能的人選包含資訊、人資、法務、行銷、銷售、公關等各部門代表。

務必提早確定團隊的運作地點，並確保其擁有溝通管道和其他同仁的支持。指定每個成員的替代人選，以免有人臨時無法抽身，或在發生緊急事件時聯繫不上。

一旦團隊開始運作，便應掌握最新情況的所有相關資訊，包括危機所涉及的人、事、時、地，以及發生原因和進展。在真正面臨危機之前，團隊應事先設想最糟糕的情況，並預先推斷各種理論上可行的選項，或決定最適切的回應方式。

雖然實際決策還是要以真實情況為依據，但要是有一份可能的替代選項清單，能在遭遇緊急事件時作為討論和斟酌決策的基礎，必能節省寶貴時間。不妨參考從第

39頁開始列舉的各種情境，並搭配第六章所提供的真實案例，從中激盪出想法和靈感。請將你在情境練習中的回應方式記錄下來，整理成團隊成員開會時現成的參考資料。

危機管理團隊領導者。團隊領導者的候選人應受人尊重，並了解如何清楚又有效地管理、領導和溝通。他們應該對組織本身瞭若指掌，且隨時都能聯繫得上。萬一領導者生病、出差或休假，也應指派合適人員暫代職務。團隊領導者應具備權威地位，能與組織最高層級的主管協商共事。

發言人。一旦媒體和社會大眾得知危機的相關消息，組織應指派發言人來應對新聞媒體的任何提問。理想上，發言人應具備公關領域的相關經歷，並懂得與記者打交道。至少，他們應清楚掌握公司和危機的最新狀況，並能以冷靜且專業的姿態對外發言。除非公司本來就有發言人負責應對記者和新聞媒體，否則就該指派一名危機期間的發言人。代表公司對媒體發言的人選應具備以下特質：

- 獲得公司高層全然信任，且人格與能力均值得信賴。
- 處於「情報圈」內，有管道獲得善盡職責所需的消息；如有任何問題或疑慮可能影響危機發展，應要能率先掌握。

- 參與新聞稿和聲明內容的審核過程。
- 具備工作所需的資源和能力，包括監看新聞和發放相關資料給媒體。
- 能立即聯絡上相關人士，以適當回答媒體的提問。
- 完成媒體關係和發言人的相關訓練。

危機期間，組織應由單一窗口對外發言。因此，務必制定相關對外政策，要求內部員工在接到外人來電或提問時，一律轉交發言人統一答覆。

回應危機的方式不盡相同

用字遣詞要謹慎

儘管危機期間的溝通很重要，但考量溝通的對象和原因，應謹慎斟酌表達的內容。從你口中說出來的話可能會擴大及加劇危機，也可能演變成司法調查和訴訟，繼續糾纏著你。視危機的性質而定，你可能需要聽從其他單位的指示，像是中央和地方官員、法務部調查局和地方執法機關，才能決定應對危機的言行。

地點是關鍵

所在國家／地區的文化可能會左右你對危機的回應方式，而人們對危機的反應也會因此有所不同。《舊金山紀事報》（*San Francisco Chronicle*）轉載美聯社的報導，深刻描述了豐田（Toyota）汽車執行長在歷經一場企業危機後公開現身的場景：

> 日本企業的執行長在面臨龐大的輿論壓力時，一現身就深深一鞠躬是業界慣例，或許還會請辭以表負責……有時甚至啜泣。這種表現出深切自責的戲碼，在強調集體共識的日本相當有效；不只是事件的結果，連個人意向都隱含著意義。
>
> 大企業顧問公司Risk Hedge總裁田中巽（Tatsumi Tanaka）指出，儘管美國企業主管落淚是懦弱的表現，但在日本，社會大眾的立場容易受情感動搖，因為對弱者有同理心是一項備受推崇的人格特徵。
>
> 「這是日本特有的審美觀，」他說。「勇於認錯並自我改正是一種美德，而落淚是這種美德的象徵。[1]」

正確方式

雖然你不必落淚，但道歉是處理危機及重回正軌的重要步驟。不過，道歉時請務必謹慎為之。根據你所在的地區不同，你在危機、醜聞或其他緊急事件中表達自責或道歉，可能會帶有法律意涵。如果你身在美國的某些州，你大可放心表達歉意，不必擔心道歉行為在法庭中會成為對你不利的證據[2]。

如果你決定要道歉，請掌握要點。一般而言，最好是儘快道歉，表達適度的自責和悔意，並承諾會盡力彌補[3]。有兩個名人熟知道歉的理想時機和方式，他們都是在說了或做了後悔的事之後公開道歉。芭芭拉・史翠珊（Barbra Streisand）為她對流行巨星麥可・傑克森性騷擾事件的評論道歉，當時有兩人聲稱曾慘遭騷擾（完整事件經過請見第174頁）；喜劇演員凱西・葛蕾芬（Kathy Griffin）在網路上發布一張她提著血淋淋頭顱的「搞笑照」，而那頭顱的主人貌似就是總統川普，因而引發外界抨擊，隨後她便道歉（完整經過請見第279頁）。

務必隨時跟你的律師更新危機的最新進展，並告訴他們你想怎麼做，以及你想說的話。你永遠不知道，會不會有人利用你的言行反咬你一口。如同本書其他章節所述，任何會惡化或延長危機的行為都應該避免。此外，律師也能告訴你，你的危機是否牽涉到任何聯邦法或各州法規，例如種族、年齡和性別歧視法、提前通知工廠將關閉，以及遭遇網路攻擊的通報規定。

除此之外，也請聯絡保險公司，以免道歉內容涉及保單所保障的損失或損害，這些相關問題都需要解決[4]。

既然談到保險，若能向保險公司詢問保單的保障，確認能有足夠的理賠支付危機造成的損失，絕對會是明智之舉。加州的天堂嶺酒莊（Paradise Ridge Winery）在一場野火中受損慘重，但最後卻發現保險理賠不夠他們災後復原，就是值得我們警惕的真實案例（完整詳情請見第377頁）。

記錄危機實況

儘管你在處理危機的過程中可能忙得不可開交，但請試著撥空記錄當下的情況和你的動態。依時間順序記下危機的發展歷程，或單純記錄事實，都是不錯的做法。印成書面資料並發給危機管理團隊，以便他們使用及記錄危機的相關事項。危機期間接收到的所有通話、簡訊、電子郵件或其他通訊內容都要留下記錄。記錄項目必須包括對方姓名、職位、提問內容和你的回答，諸如此類。歸結你從當次經驗中學到的教訓，並據以更新危機管理計畫。

後續準備

如果你已完成從第 39 頁開始的情境練習，也看了第六章的危機個案，那麼你對企業和組織可能遭遇的各種情境和真實的緊急狀況，大概已有清楚的概念。然而，太多事件和活動都有可能引發危機，因此同一份計畫不可能套用到所有組織，也並非各種危機都能適用。計畫本身必須反映公司的真實情況才行。

應變計畫擬好後，可別就此束之高閣。請定期演練計畫內容，多加練習，確保計畫能如期發揮功效；此外，還要盡可能找出問題，預先解決，並依需求更新計畫內容，反映組織所面臨的狀況、領導團隊的人事變化，以及人員流動情況等等。

若要了解危機應變計畫的實際檢測案例，請參閱第三章。

〔公司名稱〕危機管理與溝通計畫

由〔姓名〕於〔日期〕編寫／更新

本計畫最近曾於〔日期〕的危機演練中實際測試

我的網站（PublicRelations.com）提供了這份制式計畫書的Word版本。歡迎到「自訂危機應變計畫」（Customized Crisis Plan）頁面，依所示大小寫輸入密碼「CrisisPlan2020」。之後，你就能複製或下載該範本，依說明填寫資訊，並依需求調整及更新計畫書。

危機導火線：填寫此計畫是否專為特定的危機類型所制定；如果不是，什麼事件會啟動計畫？

緊急應變計畫：填寫是否已有備案（以及存放位置），以便本計畫不符危機所需時能及時替補。

危機詳情：說明你所掌握的危機細節，列出目前所知的所有資訊。

人員：

事項：

時間：

地點：

原因：

方法：

影響：危機會對公司的運作、活動、聲譽、市占率或盈利帶來哪些影響？該如何減緩公司所受的衝擊？

察覺：有誰已知悉危機現況？他們的消息從何而來？

通知：誰應該得知危機的相關消息？該何時告知他們？怎麼告知？

成功：說明你認為如何才算成功處理危機。

優先順序：列出化解危機必須採取的措施與執行順序。

期限：列出各種必須遵守的期限。

訊息：與相關人員溝通危機處理措施時，有哪些重要訊息需要傳達？請列出三到四項。說明你會如何運用溝通工具或管道來傳遞這些訊息。

問題與答覆：列出人們最有可能提出的危機相關問題，並附上答覆內容。這份問答集會不會上網公布，供主要受眾瀏覽？如果會，何時會發布？

專線：會不會開通聯絡專線，以便回答各種提問？如果會，何時會開通？

挑戰：列出解決危機的過程中，可能遭遇的各種挑戰。

機會：說明危機所帶來的意外機會，並描述你會如何利用。

資源：列出所需的內外部資源，例如 WiFi 熱點、電腦、紙張、印表機、手機等等。

重要聯絡資訊：列出需即時掌握危機最新狀況的重要人士，並附上他們的聯絡方式。

核准：列出決策、行動或新聞稿需經過哪些人核准。為了節省寶貴時間，建議可先針對不同危機情境，備妥已通過核准的聲明和新聞稿，以便能迅速更新或修改，在有需要時立即使用。

阻礙：列舉必須處理或克服的障礙或阻力。

應變團隊成員：列出所有人的姓名、聯絡資訊、職責等資料，並檢附候補人選名單，以備不時之需。

應變團隊領導者：提供領導者的姓名、聯絡資訊、職責等資訊，並檢附候補人選資料，以備不時之需。

發言人：提供主要發言人的姓名和聯絡資訊，並檢附候補人選資料，以備不時之需。

地點：提供危機管理團隊的所在地址或地點，並挑選候補地點，以備原地點遭波及而無法進駐時能轉移陣地。

復原：要從危機中重回正軌，需要執行哪些工作？

發放：列出需取得此計畫副本的人員名單，並註明他們拿到的計畫版本。

記錄：依發生時間依序填寫與危機相關的事件和活動，並說明所採取的因應措施。

如前文所言，擬定危機應變計畫後，請務必定期檢討、修改和更新，並在定期的危機演練和練習中實際應用。此外，也要確保你能在真正發生緊急事故時立即取得計畫，馬上採取行動。

PART 3

計畫實測

誠如實際案例所示，危機中沒人能穩操勝算。

在實際執行危機管理計畫前，是無法確定哪裡需要改善或加強。千萬別等到危機來襲，才發現計畫漏洞百出。這就好比買新車前，沒先確定你是否喜歡駕駛時的手感、乘坐感受和汽車外觀。還沒「試駕」確定計畫完全符合組織需求之前，請勿貿然核准計畫。

熟能生巧

以下職業一致推崇這個道理，因此他們通常會謹慎地測試計畫：

- **NASA 科學家**。他們關心未來小行星撞擊地球的機率。他們在危機模擬中發現，紐約市可能遭小行星摧毀，超過百萬人在這起天災中喪生[1]。
- **西方科技大國的銀行高階主管**。他們認為，測試金融機構對網路攻擊的回應方式至關重要[2]。
- **印度的機場和航空公司主管**。他們透過實際演練，了解孟買國際機場如何處理飛機碰撞事件[3]。
- **美國軍方領袖**。他們想評估重要軍事基地在面臨網路攻擊、運作癱瘓下的應對情形。為了讓演練盡可能真實，他們在毫無預警的情況下刻意關閉基地的大部分電力，時間長達十二小時[4]。

- 紐約市。政府跨部會領導者和民間企業代表聯手舉辦一場「數位消防演習」，以確認這座城市的基礎建設會如何回應各種網路攻擊情境[5]。

重返校園

我曾有幸就近觀察國防部所舉行的危機管理訓練，親眼見識美國軍方所有軍種的實際操演。我看到空軍、陸軍、海巡、海陸和海軍的軍官分組操練，模擬軍事基地發生持槍掃射的緊急事件時該如何處置。

這場演習的目標在於確認軍官了解預先規劃的重要，且能提前掌握危機發生後的行動重點和執行順序。各軍方單位的學員分別扮演明確的角色，各司其職，共同排除危機。他們的工作包括：

- 決定要採取的行動、行動原因、執行順序，以回應逐步開展的意外狀況。
- 掌握槍手的行蹤。

- 針對快速變動的狀況彙整資訊，並判斷資訊是否準確。
- 通知重要人士、擬定對社群媒體報導的回應、接受記者訪問等等。

這場為期一天的危機管理模擬訓練是由國防部的國防資訊學校（Defense Information School）於馬里蘭州的米德堡（Fort Meade）舉辦，這是專為公共事務軍官所規劃的課程之一，完整課程總共為期四十五天。課程從軍方和民間企業汲取各種真實案例，在此基礎上展開危機溝通演練；該校也為全球各國的武裝部隊提供類似的培訓課程。

課程講師本身必須先通過培訓，才能在國防資訊學校授課。他們必須參加為期一個月的師資課程，了解如何備課、營造授課環境，並熟知該校的規定。「基本上，我們的任務是帶領經驗豐富的公共事務軍官做好準備……讓他們可以將訓練內容應用到實務操作上。」前講師、退休海軍少校曼恩（Bashon Mann）表示[6]。

啟發：這不是演習

對於經歷真實危機的感受，曼恩本人有深刻體會。二〇一三年，他擔任美國海軍作戰部長格林納特上將（Jonathan Greenert）的公共事務部副部長。有天，他在國防部辦公室接獲通報，得知附近的華盛頓海軍工廠（Washington Navy Yard）發生槍擊案，而當時，格林納特正好在該海軍工廠視察[7]。

那是兵荒馬亂、疑雲重重的一天，而且現場死傷慘重。剛過早上八點沒多久，《紐約時報》便報導一名海軍預備隊前隊員在軍事基地的一棟大樓內開槍。「我聽到槍聲砰、砰、砰，歹徒連開三槍。」事發當下，來自維吉尼亞州伍德布里奇（Woodbridge）的物流管理專員沃德（Patricia Ward）正在一樓的自助餐廳用餐。「三秒後，四聲槍響再度劃破天際，餐廳內的所有人驚慌失措，倉皇尋找逃生出口[8]。」

這起事件造成十三人死亡，包括槍手本人[9]。

曼恩回想他在危機爆發後即刻採取的行動。「我立即聯絡海軍工廠的地勤人員，確保他們全都安全無恙，並試著掌握更多一手消息。」他最擔憂的，是當時在海軍工廠拍攝影片的六名部屬。「在海軍犯罪調查局（Naval Criminal Investigative Service, NCIS）的共同努力下，我們商議出一套救援計畫，確保我們能通知他們相關資訊，並協助他們從危險處境中撤離。」

發現部屬下落並確認他們都平安之後，他仍與他們保持聯繫。「其實（在整起事件中）我們頻繁聯絡（透過手機和電子郵件），完全不受任何阻礙，算是不幸中的大幸。」危機發生後，曼恩和國防部的資訊處聯絡，協調要何時對外公開事件詳情，並討論要由誰對外發言。資訊處很快就掌握了槍擊事件的詳細資訊，國防部也迅速設立了應變中心，向資訊處和曼恩更新最新狀況。

「每個小時都在積極溝通，」他回憶道。「社群媒體團隊率先打頭陣，很快就發表（第一份）聲明並確立主題標籤，方便社會大眾關心這起事件。」

之後，曼恩偕同海軍高層前往當地醫院，探視受傷的受害者及面對媒體。

啟發：擬定計畫並依情況適時修改

曼恩指出，大規模槍擊事件是危機管理的重要類別。「隨著應對措施一一上路，我們能近距離觀察回應策略的執行成效，了解『滴水不漏』的流程如何在危機情境中執行及發揮作用。雖然並非完美，但我們可以算是即時反應，在生死交關的情況中妥善處置，雖然很遺憾還是失去了十三名弟兄。」

他表示，海軍工廠槍擊事件對危機管理最重要的啟發，是「遵循事前擬定的策略。務必要備好計畫，沒有計畫相當於在黑暗中摸索。我們事先制定了槍擊事件的因應計畫，但諷刺的是，我們反而變成輔助的角色」，危機當天的實際應對與原本的計畫有所出入。

海軍工廠槍擊案發生前，危機應變計畫預設的情境是槍手潛入五角大廈犯案，以此為基礎研擬而成。後來計畫經過修改，不僅指定了發布消息的主要負責人，也考量到萬一事件發生在國防部以外的地方，該由誰主導危機管理工作。曼恩表示，在危機中有統一的管道對外發言，是這起事件的另一個重要收穫。

實測不可少

曼恩和同事發現，危機演習歸演習，還是得遇到真正的危機，才能徹底檢驗計畫。唯有那時才能確認哪些措施有效、哪些沒效，了解哪裡需要強化或改善。

比起大部分組織，火車貨運公司 CSX Transportation 算是有許多現成的機會處理危機狀況，依需求更新及改良計畫和回應方式、策略、技巧及技術。運輸業屬於高度受規範的產業，而這家公司營運的路線遍及二十三州、華盛頓特區，以及加拿大，總里程長達約三萬三千七百公里[10]。CSX 溝通與媒體關係前主管杜立德（Rob Doolittle）曾跟我分享他應對危機的獨特見解和心得[11]。

啟發：了解危機有多少新聞價值

意外事件往往能為電視新聞提供很有看頭的畫面，火車事故當然也不例外。杜立德回憶道，「車廂著火、多節將近二十公尺長的車廂翻覆撞成一團、車廂和鐵軌枕木翹起並徹底扭曲——這些影像通常是電視節目的收視率保證，容易吸引眾多媒體到場拍攝，即便事件本身對社會大眾的影響可能微不足道。」

啟發：做對的事，把事做對

一旦有任何火車發生事故，CSX 高層的最高原則是要「做對的事」，而此原則涵蓋以下意義：

- 幫助受事件影響的所有人
- 善後所有對環境的影響
- 將周遭環境恢復成事故前的樣貌
- 啟動事故調查，尋找最根本的肇因，之後據以改善相關程序，防止日後發生類似的意外

啟發：確認所有人都了解如何應對媒體

CSX 全體職員都知道，無論是誰收到媒體提出的任何問題，皆應轉交給公司的媒體關係部門處理。CSX 開設媒體專線並全天候監聽。公司內積極宣傳這組專線號碼，只要是時常與民眾互動的員工，一旦意識到自己身陷任何意外之中，都要知道如何將問題轉給媒體團隊接手處置。

啟發：明白何時該做什麼決策

萬一發生意外事故，CSX 會決定是要遠距處理狀況，或派人實際到場處理；判斷派人親赴現場會對新聞報導方向產生什麼影響；如果公司發言人前往事故現場，該由誰負責回應媒體的提問；以及是否有必要委託外部的公關公司協助處理。這些都是初期就需完成的決策。

啟發：了解什麼能說、什麼不能說，這兩件事同等重要

發生意外後，公司會迅速對外說明重要細節，確保民眾能了解相關資訊之餘，也確保公司在社會大眾眼中具有誠懇負責的企業形象。需對外說明的資訊包括：發生意外的火車型號、行程起點與終點，以及車上裝載的物品。

然而，能向大眾揭露的細節可能有限。杜立德表示，重大意外通常會有一或多個聯邦單位負責調查，因此在官方調查結案之前，公司依規定無法擅自公開重大事故的某些細節。

啟發：訊息一致

媒體關係團隊善用預先經過核准的聲明，並針對各種事故量身擬定訪談大綱，確保公司向媒體和大眾傳遞的訊息能夠保持一致。

啟發：通知重要對象

公司指示銷售和行銷團隊寄送郵件給客戶，並在客戶專用網頁上發布消息，以通知客戶意外事故的相關資訊，主動告知事故可能會影響或延後到貨時間。「如果貨運進度預計會嚴重遲延，CSX 就會盡可能重新安排火車路線，避開受事故波及的路段，竭力減少重大事件對客戶的影響，」杜立德表示。

啟發：持續提供最新消息

公司對外公告的聲明數量，取決於意外事件對當地居民的干擾程度、安全風險多寡，以及媒體的關注力道。另外，聲明也是召開記者會和回應記者提問的基礎。

CSX 會將聲明發給負責和員工、投資人、政府官員等各方關係人溝通的團隊，以便所有人都能確實掌握最新資訊。

啟發：監看社群媒體

CSX 會仔細注意社群媒體和新聞報導，尤其是發生重大事故時，更是如此。杜立德指出，「想了解民眾主要關心的議題、公司想表達的訊息是否成功觸及目標受眾，以及坊間流傳的資訊是否背離事實而需要端正視聽，留意社群媒體上的討論很有幫助。」

啟發：注意主流新聞媒體

杜立德的團隊也會關注其他新聞媒體，觀察他們報導的語氣和內容，尋找報導中是否有錯誤需要更正，並確認新聞機構確實收到及使用公司所提供的事故最新資訊。

啟發：保持冷靜，持續向前

杜立德表示，秉持事實沉著應對，並設法將看似混亂的資訊梳理清楚，提供給對狀況不甚了解的對象，這些磨練都提升了他向媒體表達重要訊息的能力。

啟發：永不停止學習

溝通團隊會在每個重大事件落幕後召開事後檢討會，評估其回應方式的效果，並尋找改進的機會。他們會參考其他部門（政府關係、公共安全等等）的意見，以維持觀點平衡。

誠如別人的經驗所示，危機中沒人能勝券在握。由於無法保證原訂計畫能如期發揮效果，因此事前的演練越多，當真正的危機降臨時，你就越能臨危不亂，將計畫付諸實行。

你能從危機管理演練中得到哪些收穫呢？

PART 4

禍從天降：實務典範

這些準則能為你確立正確方向，協助你處理及化解危機，儘早度過急難時刻。

如果你符合以下描述，請務必閱讀本章：

- 正面臨危機
- 沒時間讀書中其他章節
- 尚未擬定危機應變計畫
- 找不到之前準備好的應變計畫
- 擁有應變計畫，但不清楚最後一次是何時更新或實測
- 想確認應變計畫是否為最新狀態，而且沒有遺漏任何重要事項
- 不熟悉公共關係的基本事務，沒有接觸公關顧問的管道，而且即刻就需要相關協助

閱讀本章時，請謹記下列建議：

- 遵守「第一坑洞定律」：發現自己身處深淵時，應立即停止挖掘。切勿出現可能會使事態惡化或延長危機的任何言行。
- 莫忘前英國首相邱吉爾的名言：「如果你已身處地獄，請繼續前行。」
- 雖然觸發危機的事件可能不同，但回應及管理危機乃至危機溝通的基本規則和準則，基本上大同小異。

讀完本章後，如果時間和情況允許，請回頭參閱第二章說明危機應變計畫的相關內容，以下部分內容曾在第二章深入探討過。

首要之務

危機爆發後，緊接而來的可能是疑惑、混亂、煩躁和龐大壓力。以下提供幾項基本準則，協助你處理眼前或即將到來的挑戰。只要依循這些原則，你就能立定正確的方向，除了能正視及化解危機，也能儘快擺脫危機的陰霾。

釐清真相

- 確實釐清真相。儘快確認與危機或緊急事件相關的細節，越詳細越好。與其否決顯而易見的事實，或接受「另類事實」，不如坦然接受已發生或正在發生的事情。事實就是事實，不容迴避。

定義成功

- 根據你對情況的認知，如何處理危機才算成功？眼前的問題該怎麼解決？怎麼知道你已度過危機？

控制

- 控管情況。
- 掌控危機，別受制於危機。
- 讓他人知道，情況已在你與公司的掌握之中。

表達關心

- 展現組織的關心和同理心。
- 設身處地，站在受危機影響的角度思考。如果你是受到波及的一方，你會希望公司出現怎樣的言行反應？

溝通

- 透過 Twitter、Facebook、電子郵件、網站等管道，為主要對象或利害關係人提供準確的最新資訊。
- 如果你對危機還有不清楚或無法得知的細節，請預先做好向外界解釋的準備，說明尚未掌握資訊的原因，並設下你能提供該資訊的期限。

謹言慎行

就你目前掌握的消息通知合適的個人或組織，必要時為他們持續更新資訊。

- 務必轉達事實。
- 誠實以對、態度誠懇，同時保持應有的自信。
- 勿擅自臆測：

■危機起因
■恢復正常運作的時間
■緊急事件所產生的外部效應
■損失金額（如果有的話）

確立要務

- 確定需執行的重點事項，並排定事務優先順序，循序漸進地化解危機。
- 設定切合實際的期限，穩紮穩打地處理危機的各個面向。
- 依優先順序專注行事，避免任何可能誘使你偏離原訂計畫的因素。

採取行動

- 別蹉跎。一旦清楚該怎麼做，就馬上行動。危機不像酒越陳越香，拖越久只會越難善後。
- 越快處理危機，越早擺脫危機的影響，繼續前行，甚至能有助於防範日後再次發生相同的危急情況。

尋求支援

- 除非你毫無選擇，否則別企圖獨自一人承擔整起危機的壓力。你可能需要從組織中找到更多人來共同因應及管理危機，或尋求外部顧問和專家的服務。
- 危機的性質、發生地點，以及你所擁有的法律、公關和其他可能需要的必備資源，都會影響你需要尋找哪些支援。

- 前文雖建議你在各種危機下所需聯絡的相關人員，但那終究只是建議，僅供參考。你需自行判斷（或向他人尋求建議）該聯絡的對象和時機，並清楚聯絡的原因。沒人擁有安然度過危機所需的所有知識、專業和能力。這無疑是我寫這本書的初衷，而這也說明了為何你可能需要他人的幫助和指引，才能順利通過考驗。

後續追蹤

- 確認一切皆依照期限和優先順序按部就班地完成。

確實記錄

記下你所採取的行動、時間、原因和執行方式。不妨善用筆記，確保你或團隊不會遺漏或忘記任何重要的事。等到事後檢討時，這些筆記就能幫助你回顧，並協助你在下次遭遇危機時，能更游刃有餘地從容處置。

後續步驟

現在你已懂得如何著手處理危機，以下是後續需要執行的事項。不妨將以下指南視為最佳實務建議，處理實際情況時，應盡力實踐這些要點。

採取的行動和履行時機均取決於危機性質。有些措施需要依照下列順序依序實行，有些則可分組同時進行。

保持資訊暢通

- 取得危機的最新資訊和更新，並力求準確。
- 如果當下有任何問題不清楚答案，應盡全力儘快釐清。
- 你或員工可能需要監看各大社群媒體平台和網路，隨時注意新聞報導或情勢發展。
- 想在某些危機中掌握一切事務，可能難如登天。這在危急時刻並不罕見。盡力排除可能的障礙，暢通獲取資訊的管道。

核對事實

請使用以下核對清單，確認你的確知道所應掌握的危機細節（或盡全力釐清狀況）。千萬別胡亂猜測或盲目假設。建議你善用「已知」和「未知」選項，記錄你目前已知或需儘快釐清的事項。

已知	未知	
		・發生了什麼事
		・是否有人傷亡
		・如果有人受傷，人數是多少？傷勢有多嚴重？
		・發生的時間
		・發生的地點
		・造成哪些影響或衝擊
		・有誰受到影響或衝擊
		・發生的原因為何
		・事發經過

- 誰知道相關資訊
  - ■職員／員工
  - ■法務團隊
  - ■人資部門或顧問
  - ■資訊技術人員
  - ■公共關係部門或顧問
  - ■董事會
  - ■廠商
  - ■客戶／顧客
  - ■新聞機構
  - ■社會大眾
  - ■社群媒體
- 上述各方如何獲知消息
- 民眾能從哪裡／如何找到更多資訊
- 目前已採取哪些因應措施（如果有的話）
- 以上消息是多久以前的資訊
- 還需掌握哪些尚未得知的資訊

立即反應

如果看見、聽見、讀到危機的相關資訊不正確或有誤導之虞，或有人向你告知不正確或有誤導之嫌的消息，務必設法修正假消息，匡正視聽。任由不正確的資訊存在越久，就越有可能廣泛流傳，內化成社會大眾的普遍認知，日後將難以矯正。

設定處理順序和期限

依重要程度依序羅列各項危機的應變措施，並標明完成期限。

順序	期限
1.	
2.	
3.	
4.	
5.	
6.	
7.	

8.		
9.		
10.		

消除繁文縟節

組織規模越大，越有可能盛行官僚制度，拖緩行動速度或阻礙你執行應變措施。設法加快政策推行的速度。

整理思緒

如果你認為不會有人發現你遭遇危機，所以你不必向任何人解釋真正的情況，我建議你再仔細思考一下。就算組織嚴密控管消息，各種與危機相關的報導、資訊或八卦還是層出不窮，迅速擴散。危機勢必會浮上檯面，眾所皆知，只是遲早的問題而已。因此，最好事先做好準備，至少擬妥一份簡短聲明，以備不時之需。

研擬聲明或向任何人（員工、利害關係人、媒體或社會大眾）告知危機相關消息前，務必先清楚了解所要談論的內容。如果內容未能提供客觀事實（這是最基本的要求），難保不會使情況更加惡化，而他人也會因此發現你不夠沉著，未能掌控局面，進而對你產生懷疑和疑惑。

聲明應述及危機的人、事、時、地、原因和經過，若未提及，你也要能解釋其中的理由。優秀記者的報導就該涵蓋這些資訊。即便你所遭遇的危機不一定會有媒體報導，但你應效法記者的思維，全面思考。畢竟，任何聽到危機消息的人（或任何你想告知的對象）都會希望掌握這些基本資訊。

建議你站在記者的立場，問問自己：如果我是剛收到這些危機相關資訊的新聞記者，我會提出哪些問題？在這個基礎上，仔細審視你所草擬的聲明內容，如有必要，應不厭其煩地加強、改寫或改善。

然而，無論你覺得聲明內容多麼面面俱到、滴水不漏，有些記者、員工、投資人或民眾依然可能會有疑慮或疑問，他們可能提出重要問題，甚或要求你提供更多資訊。請務必做好萬全準備，以因應所有可能的反應。

每次收到與危機相關的新資訊，務必記得更新人、事、時、地、原因和經過，提供現況的最新說明。

如需了解如何在遭逢危機期間與媒體良好互動，請參閱第五章提供的建議。

別只會埋頭苦幹

在危機中，觀感與事實一樣重要。除了著手處理之外，你也應該讓他人看見你的努力。這樣能讓人知道你已出面負責，採取行動、掌握局面，發揮安定人心的作用。在危機期間深居簡出、迴避外界眼光，只會讓人覺得沒人願意負責、沒人知道真正的情況、沒人實際著手處理，或甚至沒人在乎。

以下幾種方法可讓別人知道你已有所作為：

- 與員工會面。
- 與客戶和廠商召開視訊會議。
- 在社群網站上發文，善用這種能快速散播的溝通管道。
- 與媒體對談。

告訴人們你掌握了哪些與危機相關的資訊，以及你已著手推行的措施，並盡力回答他們的問題。務必從大眾利益的角度提供資訊，而非一味固守組織的立場。

- 找到受危機波及或與結果有利害關係的群體，並與他們接觸。

- 只提供經確認及驗證的準確資訊。
- 如果情況適當，可介紹他人觀看媒體內容，協助他們取得所需資訊。例如，如果發生意外事故或醫療相關危機，建議記者向醫院、急救人員或醫療專家詢問資訊，會是比較適當的做法。
- 以清楚易懂的說法解釋危機狀況，避免使用術語和技術詞彙。
- 告訴員工怎麼應對媒體，例如：「很抱歉，我請某某某向您說明」。
- 發布任何資訊前，先通知組織的重要主管，讓他們事先知道你要說的內容，以免節外生枝。

指派危機管理團隊

根據危機的規模、大小和性質，可能有必要委派專門的團隊、領導者和發言人專責處理危機。

團隊成員人數和成員職責取決於組織大小和危機性質。避免一個人的工作負擔太重，萬一不小心遺漏了重要事項，可是得不償失。如需進一步了解如何籌組危機管理團隊，請翻到第 69 頁。

新聞媒體可能會有興趣報導你所遭遇的危機，端視危機的本質而定。若需了解媒體應對之道，請參閱第五章；若要知道貨運公司 CSX Transportation 如何應對報導火車事故的新聞記者，請參閱第 94 頁。

PART

5

危機期間的媒體互動

現實生活中，你大概無法選擇是否要和媒體打交道——記者可能會直接出現在你門外，讓你措手不及。

危機管理的基本法則是立即宣布壞消息，緊接著採取行動，儘快脫離危機的衝擊。告知新聞媒體相關資訊，的確能有助於達成這點。不僅如此，這還能塑造你坦然面對危機、奉行透明化的形象，強化你在外界心目中的印象和名聲。

如果你正處於危機之中，我知道你在想什麼。「我有一堆事情要忙，哪有時間跟媒體往來？」我可以理解。如果你分身乏術，現階段無法或不願意親自與新聞媒體接觸，不妨將這重責大任交派給合適的部屬，或委託公關顧問或公關公司，借重他們的專業。

現實生活中，你大概無法選擇是否要和媒體打交道——記者可能會直接出現在你門外，讓你措手不及。視你遭逢的危機類型而定，你的處境可能不久就廣為人知，記者和媒體就會主動找上門，希望深入了解情況。一旦他們取得詳細資訊，可能就會直接寫成報導發布，不管有沒有採納你的說法。

「華勒斯來了」

華勒斯（Mike Wallace）是言詞犀利、態度務實的媒體人。如果他要專訪你，打算在調查報導性質的電視節目《60 分鐘》（60 Minutes）上播放，你可要繃緊神經，做好如臨大敵的心理準備。如果在他抵達前，你還沒遭遇困境，那麼在他離開之後，你可能早已深陷危機。許多人接受華勒斯的採訪後發現，他的訪問是平常與媒體界互動的縮影，只不過更難應付，而且你完全無法閃避[1]。

現今不乏稱職的記者提出艱澀、尖銳，甚至令人難堪的問題，並不斷向下挖掘，探尋真相。那麼，你的工作就是盡可能做好萬全準備，回答他們針對危機所提出的每道問題，盡力闡述從你的角度所看到的面向。

媒體揭祕

拒絕承認你目前或之前曾遭遇危機，或刻意無視記者的詢問，都無法徹底回絕媒體的「關心」。媒體反而會驟下結論（不管是對是錯），一口咬定你試圖掩飾太平，而這樣只會使一切變得更糟。如果記者對事件仍保有興趣，但你卻單方面拒絕對話，他們可能會因此受到激勵，加倍努力挖掘你組織內所發生的事或遭遇的困境。

幸好，新聞媒體就跟社會大眾一樣通常只有三分鐘熱度，經過初期幾次的頭條專題和追蹤報導之後，他們就會將注意力轉往下一件「大事」，而這能有利你儘快擺脫危機帶來的陰影。

如果你的公司與媒體應對的經驗不多，甚至從未有過這類經驗，那麼緊急事件必定會讓你一夜長大，在經營媒體關係的路上突飛猛進。理解記者的立場並明白與媒體的互動之道非常重要，而這正是本章的主題。如果你現在有點時間，請繼續往下閱讀；如果有其他事情要忙，有空時記得回來詳閱。

記者

我認為記者既非朋友，也不是敵人。他們的目標是把工作做到最好，展現專業素養。

第一，記者的所作所為都是為了滿足他們的工作需求，而非你的需求。他們是讀者和觀眾的代理人，任務是要盡力取得更多資訊，寫出能吸引閱聽人注意的報導。他們是講故事的人。他們需要報導題材、輕鬆軼事，以簡單的說法解釋你所遭遇的危機。同時，他們沒有太多時間或篇幅可以詳述整個事件——每則電視新聞報導大概九十秒，電台新聞不到一分鐘；若是書面報章或網路新聞，篇幅通常只有幾百個字；如果要發布在Twitter，一則甚至只有一百四十個字。

千萬別出現有損形象的言行。英國石油公司（BP）前執行長海沃德（Tony Hayward）就是血淋淋的例子。在墨西哥灣大規模漏油事件中，他告訴新聞媒體：「我希望我的生活恢復正常。」這起意外奪走了十一條人命，堪稱美國史上最嚴重的漏油意外[2]。路透社的報導指出，事後海沃德看到新聞媒體的報導後倍感震驚。「我思慮不周，脫口說了傷人的話，」他在聲明中說道。「我為此道歉，尤其是那十一名在這起悲劇中失去生命的工人，我對他們的家屬深感抱歉。我之前所說的話並非我對這場意外的真實感受[3]。」

儘快回覆記者的電話、簡訊或電子郵件。現在的新聞頻道全天候播放，截稿時間可以很「彈性」，記者在社群媒體平台上發布新聞後，時常能在有必要時即刻更新內容。

- 請記住，你和媒體各自承受著龐大壓力。你想方設法處理危機，記者則是得想辦法報導事件，在截稿期限前交出新聞。
- 記者並非完美無缺（誰是呢？），他們跟所有人一樣都會犯錯。你必須仔細留意報導內容，確認他們沒有誤植任何資訊。萬一有錯，你也要採取相關行動，儘快匡正視聽。請參閱本章稍後的「新聞媒體誤植事實」一節。

說到犯錯，面臨危機的公司就跟報導事件的記者一樣容易犯錯。如果事前未確實準備就緒，企業主管難保不會提油救火，以不恰當的方式向記者說出不該說的話，使危機更加惡化或延長暴風期。

你可以善用許多溝通管道，從你的角度呈現事件脈絡，包括公司的網站、社群媒體平台、電子郵件、簡訊和新聞稿。如需參考這些管道和其他危機溝通工具的最新應用範例，請上我的網站（PublicRelations.com）點選「危機新聞材料」（Crisis Press Materials）網頁，依所示大小寫輸入密碼「CrisisPressMaterials2020」。

視覺素材

根據不同危機性質，有時提供視覺輔助素材有助於描述事件經過，算是很重要的輔助工具。電視和網站顯然都是偏重視覺的傳播媒介。如果電視台決定報導你的事件，一定會希望拿到幾張照片來搭配文稿。如果你無法提供，他們就會自己去找，從你的網站或其他來源擷取。

可惜的是，不管是圖表、標誌、ＩＧ照片、YouTube 影片，還是官網上的照片，媒體引用的素材不一定是你提供或希望他們使用的內容。

話雖如此，你所面臨的危機還是有可能不適合以視覺素材呈現，或是相關影像相當容易取得，例如發生火災、淹水或爆炸事件後的現場情景。另一種情況是你和部屬可能早就疲於奔命，所有精力和時間都必須用來處理近在眼前的迫切問題，沒空擔心媒體在報導中引用了哪些照片。

媒體訪談檢查表

接受媒體訪談前，準備再周全都不為過。建議你參考以下準則做好準備，以便能在專訪中不失分寸地暢談危機的實際狀況。

主題

- 你想和記者聊聊危機的哪些特定面向？

想傳達的訊息

- 訪談過程中，什麼是你最想傳達的訊息？
- 你想表述哪些重要論點（請列舉三到四個）？論點越多，記者將所有內容納入報導中的機率越低。

視為公開發言

・你告訴記者的所有事情，一律應視為公開言論，到時都可能會出現在報導中。

問題

・設想記者可能針對危機所提出的所有問題。

・站在記者的角度思考。如果你是記者，你會問哪些問題？

未掌握的資訊

・如果記者問了你不清楚答案的問題，請誠實告知，並緊接著表示你會設法了解實情，找到解答後會儘快答覆記者。不這麼做的話，記者就有可能從其他管道尋找相關資訊，說不定還是錯誤的消息。

時間安排

・記者希望何時採訪你？

・你能稍後再回電接受訪問嗎？最好是透過哪種方式跟對方聯絡？

記者

・記者是為哪家新聞媒體服務？

- 該媒體的受眾是誰？
- 記者希望能採訪多久？
- 記者想在哪裡採訪你？
- 記者還會向誰詢問事件的相關消息？
- 如果時間允許，你能在接受訪問前，先研究一下記者先前發表過的報導嗎？

資訊

- 你是否已掌握危機所有方面的最新資訊，且消息正確無虞？

演練

- 你練習過怎麼回答嗎？事先練習回答記者的問題（不是死背公關稿）可避免自己說出意料之外的回答，免得節外生枝。

視覺素材

- 有哪些視覺素材可供運用，輔助你說明危機的實際情況？（請參見第 122 頁）

時間長度

- 大部分採訪都應以十五到二十分鐘為上限。別忘了，你還有危機需要處理。
- 回答盡量言簡意賅：若是紙本報導，答覆應控制在大約二十到三十秒；廣播電

台和電視節目的採訪則約十到二十秒。（請參閱第 129 頁有關原聲片段和文字摘引的相關說明）

地點

- 如果採訪預計會在你的辦公室內進行，務必將所有你不希望記者看見的文件或資料收好。告訴其他同仁會有記者來訪，使其提高警覺，以免出現任何會讓場面尷尬或使危機惡化的言行。
- 如果是視訊訪談或電話採訪，請確認環境中沒有任何令人分心的聲響會干擾你的思緒，或經由麥克風或電話傳到對方耳裡。記得先將手機關機。（請參考第 142 頁有關 Skype 和衛星通訊媒體聯訪的相關說明）
- 如果是要透過一連串的電子郵件或訊息往來，在網路上完成訪談，請務必唸出問題和你的答覆，確認沒問題後再按下「傳送」按鈕。另外，建議跑一下錯字檢查程式。也可考慮請信任的同事幫忙審閱回覆的內容；有其他人幫忙過目，可防止錯誤和問題成了漏網之魚。

答覆問題

- 備妥應答問題所需的全部資訊，並要方便取用。

- 設想所有可能的問題，逐一擬好適當的回答。
- 必要時，針對新聞媒體的主要受眾量身擬訂答覆內容。
- 誠實回答，不管接受了多少次採訪，或回答了多少次同樣或類似的問題，回答口徑都要保持一致。
- 整個訪談過程中，設法重複強調重要論點。
- 同樣地，告訴記者的所有內容都應視為公開發言。
- 備妥所需的相關研究、統計數據等資料，以便在回答時引用。
- 如果你不知道答案，務必直接坦承，並告訴記者你會再回電答覆。
- 善用圓滑的應答技巧，避免直接回答你不願答覆的問題。你可回答：「這個問題很有趣，但更重要的是，……」，將記者的問題引導成你想回答的方向，接著提出一個你偏好的問題，自問自答。
- 與其說「這問題我不便回答」（這會讓你聽起來像是企圖掩蓋什麼一樣），不如有耐心地解釋為何你無法提供記者想要的資訊。或許可以這麼答覆：「我也希望我能回答，但目前狀況還不穩定，暫且無法下定論」，或「我很希望現在就給你答案，但我們尚有部分消息還未確實掌握，像你這個問題就是其中之一。」

- 回答時，請勿重複記者所使用的否定問句。

如需答覆問題的更多建議，請參閱本章後續的「原聲片段和文字摘引」一節。

傾聽

- 認真傾聽。注意聽記者說的內容，並觀察他們聽到你的答覆後有什麼反應。
- 在記者說完整個問題前，請勿先入為主，認定你知道記者想問什麼問題。務必認真聽完並徹底理解問題，才開始回答。

語氣

- 像聊天般對答，千萬別像演講一樣長篇大論。
- 語氣避免單調死板。

注意服裝儀容（記者會和現場訪談）

- 根據你在與記者見面前所剩的時間，試著為訪談挑選合適的服裝，尤其如果訪談過程會在電視上播放，更應慎重其事。
- 服儀穿著能展現你的個人態度，這是很重要的觀感問題。穿著牛仔褲和 T 恤接受訪問會給人一種鬆散、不是負責人的感覺；男性穿西裝、打領帶或搭配休開西裝外套，女性穿套裝和洋裝，則能給人坐鎮指揮的專業感受。

- 電視從業人員（主播、記者、談話節目名嘴）是很重要的參考，你可以從他們身上觀察哪些穿搭是適合上新聞媒體的風格，包括挑選藍色和灰色等單色、避免服飾上有密集的小圖案（會在攝影畫面上產生閃爍的效果）、避開大膽前衛的大型印花，以及不戴大件或過於搶眼的珠寶配飾。
- 最基本的原則是：別穿任何會搶走注意力的衣服，以免對方無法專注聽你講話。

肢體語言（現場訪談）

- 保持良好儀態。
- 適時搭配手勢、運用表情。
- 與記者維持眼神接觸。
- 切勿出現煩躁不安的行為，或做任何會讓記者分心的舉動。

事後檢討

- 記下你的答覆內容，以供事後參考或檢討，萬一記者引用的內容有誤，也能據以勘誤。若要記錄記者的發言，請先徵詢當事人同意。

態度

- 回答問題及舉手投足都要帶著自信和權威感。
- 盡可能自在地展現自己。在穿著、肢體語言、說話語氣上散發自信。

訪談地雷

- 責罵他人。
- 生氣、防禦心重或與記者爭辯。
- 過度低估問題。
- 出現可能衍生法律風險或責任的言行；如有必要，請諮詢律師。
- 透露違反個人隱私或法定權利的個人資料。
- 表示「這問題我不便回答」。（請參見第125頁）
- 未徹底了解問題就貿然回答。若有必要，可請記者詳細解釋、再說一次或換成你能理解的方式敘述問題。
- 預期記者只詢問你想回答的問題。應設法在答覆中加入你想表達的論點。
- 回答假設性問題。
- 回答問題時長篇大論。

・在答覆中使用大量數字或統計數據。引用數據應適可而止，以能輔助說明論點為主。

・同意「私下」交談。

・在答覆中使用術語、技術詞彙或英文縮寫。

・在採訪中刻意找話聊，忍受不了沉默帶來的空白。如果沒有什麼需要說明，大可保持沉默。

原聲片段和文字摘引

你有辦法在七秒內談談你所遭遇的危機嗎？電視節目和電台時常只會給你這麼多時間述說危機概況，方便事後剪成採訪片段播放。

七秒其實不長（到底有多久？建議你從 1,001 數到 1,007，或拿鐘錶計時，親自體驗一番）。

這些簡短的訪談稱為原聲片段（sound bite），亦即在新聞報導中插入一小段採訪錄影／錄音，作為點綴、敘述或說明新聞內容之用。原聲片段的書面形式稱為文字摘引（ink bite），篇幅大約五至五十個字（指英文單字數，下同。中文字數約十到一百字）。大部分情況下，如果你回答記者問題的時間，超過你朗誦五到五十個字的時間長度，大多數記者就不會在報導中原文照登你說的話。他們會濃縮、改述、摘述或甚至直接省略你的回答。

以下提供三段引文範例，這些分別出自新聞機構對不同危機的報導：

費城政府公開承認市政府的會計程序有瑕疵，帳目金額落差達十億美元：

「納稅人的血汗錢不該受到這般對待。市府應慎重運用人民的稅金，給予納稅人應有的尊重，政府確實還有改善的空間，」市政府財務主計長琳哈特（Rebecca Rhynhart）表示[4]。（案例詳細資訊參見第 89 頁。）

紐澤西 UPS 快遞公司傳出槍手擄走人質的緊急事件：

「初步調查顯示，槍手將人質帶離大樓後才開槍，」司法部長辦公室指出[5]。（案例詳細資訊參見第 161 頁。）

伊利諾州的製造廠發生槍擊案件，事件落幕後：

「我不喜歡『典型的職場槍擊案』這種說法，雖然我很討厭這麼做，但目前我不清楚實際詳情。再次聲明，我們只能猜測，一名男性員工遭公司開除後蓄意採取這樣的回應方式，」警察局長席蔓（Kristen Ziman）表示[6]。（案例詳細資訊參見第277頁。）

你的說法若能以原聲片段或文字摘引的形式出現在新聞報導中，的確是件好事，這代表你說的內容成功引起記者興趣，而且夠精簡才能放進報導中。但我認為這樣還不夠，其內容還必須符合以下標準：

- 精準擷取你談論危機的精華。
- 傳達你想告訴社會大眾的訊息。
- 受訪當下感覺坦然自在。
- 不攻擊任何人。
- 誠懇可靠，值得相信。

若想有效學習在事前準備就緒，並順利表達想法以供剪成原聲片段，建議可注意記者如何在新聞中呈現當事人談論危機的內容。

不管是電視或電台的新聞報導，還是報章雜誌中的文章，原聲片段和文字摘引隨處可見，引述不同職業和專業領域人士的說法。這些報導都是持續精進媒體應對之道的絕佳教材，能有助於你提早做好準備，讓訪談內容如期成為原聲片段和文字摘引。

這些年來，我為客戶整理的引文不下百則，研究的原聲片段數以千計，從中我得出一個結論：效果好的原聲片段就像三明治，食譜雖數之不盡，最終仍是以個人口味和喜好為依歸。我認為，理想的引述必須具備以下至少一項特性：

．老套說詞	「我們的處境進退兩難。」
．斬釘截鐵	「這絕對是我們發生過最糟糕的事。」
．生動類比	「我們感覺就像遭受重擊，不支倒地，但我們會再重新站起來，繼續嘗試。」
．親身經驗	「這場危機讓我不禁回想起……」
．預測	「我們預計能在一年半後填補虧損。」
．警告	「如果現在不解決這個問題，將會後患無窮。」
．反問法	「誰能預料得到呢？」

練習：寫下原聲片段的內容

沒有一定程度的準備和練習，大多數人通常很難臨場說出絕佳內容，供媒體剪輯成原聲片段使用。所以，錄製這類媒體題材之前，請先用幾分鐘練習下列各項。

- 用一百個字左右描述你所面臨的危機。
- 檢閱你剛寫下的內容，刪除所有術語，以及社會大眾可能不熟悉或會感到疑惑的說法。內容盡量保持簡單易懂。回顧本章先前提到的原聲片段必要元素，並在你的危機描述中使用至少一項。
- 將內容縮減到原聲片段所容許的長度，約七秒鐘。重寫一次，以長度不超過五十個字為原則。
- 就快完成了。現在，請試著用二十五個字以內的篇幅，表達相同的內容。
- 請同事或朋友扮演記者的角色，問你下列問題：能否請您談談貴公司今天發生的狀況？
- 唸出你寫的原聲片段內容。
- 最後，詢問「記者」的聽後感想。內容夠簡短嗎？能有效傳達你對危機的主要論點或相關資訊嗎？如果不行，請再讀一次本章內容，並再試一次這項練習。

新聞稿

除了在官網和社群平台上發布資訊，向新聞編輯和記者發放新聞稿是另一種向媒體和大眾提供資訊的方式，而且兼具效果和效率。

新聞稿一般介於兩百五十至六百字之間（編按：中文字數約八百字），能說明事件、時間、地點、受影響的人，以及事發經過，且內容至少應更新至寫新聞稿當下所能掌握的最新資訊。

新聞稿應具備下列條件：

- 以適當的標題概述危機情況。
- 以金字塔式寫作法呈現相關資訊，從最重要的消息先講，最不重要的內容放在最後。
- 第一段應力求簡潔，精確說明危機的人、事、時、地、原因和經過。
- 包含危機的相關事實、數據和背景資訊。
- 句子和段落應保持簡短，每段一至兩句即可。
- 在第一頁最上方提供你的姓名、早晚聯絡電話，以及網址和電子郵件。

• 新聞稿結尾處應交代你所屬公司或組織的基本資訊。
• 依循記者書寫新聞報導時所遵守的文法和標點符號規則。《美聯社寫作風格指南》（*The Associated Press Stylebook*，暫譯）內提供詳盡指示，許多圖書館和書店都能找到這本手冊，網路上也有電子版可供取用。

我的網站（PublicRelations.com）提供了新聞稿和其他新聞材料的範本連結，歡迎到「危機新聞材料」（Crisis Press Materials）網頁，依大小寫輸入密碼「CrisisPressMaterials2020」即可取得。

新聞媒體對危機的報導，可能會與你在新聞稿中提供的資訊相去甚遠。如果媒體報導了你所面臨的危機，請記住：新聞機構的報導方式不一定會符合你的期望或偏好。你最多只能希望並盡力確認媒體呈現了正確的事實，並同時提供了你的觀點。

我的網站也有提供新聞媒體對不同危機所發布的新聞報導。歡迎前往PublicRelations.com的「危機最新動態」（Crisis Updates）網頁，依大小寫輸入密碼「CrisisAheadUpdates2020」取得報導連結。

雖然不可能預測媒體是否／如何使用你的新聞稿，不過你可以從下列幾點做起，盡力確保報導能呈現最理想的效果：

- 儘快回覆媒體的電話、簡訊或電子郵件。
- 確切掌握最新的新聞媒體名單，將新聞稿傳送給他們。
- 針對記者對新聞稿內容可能會有的疑問，備妥適當的答覆。

如果記者有興趣以新聞稿為基礎寫篇報導，就可能來電安排採訪、釐清細節或詢問更多資訊。當然，他們也有可能完全不跟你聯絡，就參考他們從其他管道取得的消息，或根據你在新聞稿中提供的資訊直接撰寫報導。

記者會檢查表

如果媒體很樂意報導你所遇到的危機，那麼由你主動召開記者會，也許是合情合理的做法。不過，記者可能會因為其他最新消息或重要新聞而無法出席。

有很多方法可以向媒體和大眾說明危機的最新狀況，其中記者會最為耗時，需要最多資源及規劃，但不保證能產生你希望的效果。不過，如果開記者會符合你的需求，不妨參考下列檢查表，這些是我為客戶籌備及安排記者會時的必辦事項：

- 決定日期、時間和地點。

- 決定要提供的資訊和要傳遞的訊息，審核後定稿。
- 確定／審核參加者和發言者名單。
- 準備新聞材料的草稿，包括：
  - ■新聞公告
  - ■新聞稿
  - ■事實清單
  - ■背景說明
  - ■新聞資料袋
- 草擬要剪成原聲片段的內容，供發言者參考。
- 研究／索取媒體名單。
- 預想活動細節（誰要說什麼、誰要站哪裡，諸如此類）。
- 發邀請函給參加者和發言者。
- 審核新聞材料草稿並定稿。
- 發布新聞稿。
- 確定／核准活動細節。

- 為參加者準備發言內容並定稿。
- 致電入選的編輯和記者，邀請他們出席。
- 採用報章雜誌和電視媒體監測服務。
- 聘請攝影師記錄過程。
- 確認設備和器材（發言台、音響系統、指示牌等等）。
- 確認舞台搭建完成，視覺元素妥當布置。
- 正式召開記者會。

報紙採訪

許多電視台和電台習慣從報紙中尋找報導靈感，並時常在報導中引用或參考平面媒體的新聞。原因何在？因為他們的新聞部人員太少或職務太繁忙，無法自行採訪或研究新聞題材。

比起其他新聞媒體，報章雜誌通常更能深入探討新聞主題，觸及更多細節。在幾天內以幾千字的篇幅報導單一主題，甚或製作系列報導，都不算罕見。

務必謹記以下四個重點：

- 報社記者不僅只是報導你所說的內容。他們是訓練有素的觀察家，除了新聞本身以外，他們也會向讀者描述你在訪問過程中的行為舉止和儀態、談吐、穿著，以及應答（或閃躲）問題的情形。如同上電視時要展現最好的一面，請記得，你在接受平面媒體採訪時，一言一行都可能成為新聞報導的看點。
- 別在記者的循循善誘下鬆懈或自滿。為了讓你「鬆懈防備」，記者可能會先與你談論完全不相干的話題，再慢慢誘導你進入真正的主題。隨時惦記你要在訪談中強調三個主要論點，並試著不隨記者起舞，以免自亂腳步。
- 記者都擁有敏銳的眼力。如果訪談預計要在你的住家或辦公室進行，務必收好所有重要或可能讓你尷尬的文件，甚至其他可能變成報導內容的資料都要收妥，以免記者看到。
- 別以為記者無法識讀上下顛倒的文字，這件事就發生在某位要我協助處理公共關係的客戶身上。某天，那位客戶與記者在辦公室內見面，隔天報紙就刊出一段摘錄文字，那是他辦公桌角落一張便條紙上的機密資料。他以為記者不會看見，殊不知記者眼力敏銳，讓他大喊不可思議。

電視訪問

- 如果是要進攝影棚接受訪問，記得提早抵達現場跟製作團隊打個照面、熟悉場地、確認椅子坐起來舒適，諸如此類的細節都要留意。
- 熟記你想在訪談中強調的三到四個主要論點，並設法在過程中，將談話的主軸拉回到這些論點上。
- 訪問過程中，記得要凝視記者，而非攝影機。
- 別顯現出侷促不安的樣子，或甚至在椅子上坐立難安，也別出現任何足以使觀眾分心的言行舉止。
- 接受訪問前，不妨看看鏡子中的自己，確認面容、穿著都是你預期中的樣子。
- 適度運用手勢和表情（但避免過量），輔助說明或強調論點。
- 答覆、態度和舉止都要保持權威感和自信。
- 答覆力求精簡，通常二十至三十秒間即可。
- 避免語氣單調或語速太快；語調要有抑揚頓挫，以利適時提出論點或強調你想傳達的訊息。

電台訪談

對大多數人而言，電台訪談可能是最簡單的受訪形式，原因如下：

- 電台訪問大多是透過電話進行，所以你能用手機或市話與記者交談。
- 採訪期間，你能備好需要的所有背景資料，需要時也能反覆查看。
- 電台訪談通常會錄製下來，因此要是你不滿意自己的答覆，或認為答得不好，大可告訴記者你想重新回答一次。

以下祕訣可協助你順利完成電台訪問：

- 確認你要接聽電話的空間內沒有任何令人分心的事物，也不會受路上的嘈雜聲、狗吠聲等聲響所干擾，且聲響傳到對方耳裡。
- 寫下你要在訪問中傳達的三到四個論點，只要在過程中提及，便打勾註記。
- 以聊天般的輕鬆語氣接受採訪。
- 記得站著接受訪問，這樣語氣會比坐著講話更深沉強勁。
- 講話時別忘了微笑，這樣能讓語氣聽起來更愉悅放鬆，充滿活力。
- 事先練習你想講的內容，將答覆控制在三十秒內。

- 在訪問前排好所有參考資料的順序，以免到時還要急忙翻閱，尋找需要的資訊。
- 向記者確認是你要撥打電話，還是他們會與你聯絡。
- 確認你能拿到記者的電話或電子郵件，方便在採訪前聯繫。如果是由記者撥電話給你，務必要在訪問前盡可能保持電話暢通。

最後，寫下你的答覆內容，並練習回答問題；請朋友、家人或同事「扮演記者」問你問題，且簡單和困難的問題都要涵蓋在內，不可偏廢。

提前安排錄音事宜，將電台訪問的內容記錄下來，以便事後聆聽。下一次你會如何調整，或怎麼表現得更好？

衛星通訊和 Skype 媒體聯訪

如果危機事件引來不同城市的新聞媒體爭相採訪，就有可能需要安排媒體通訊聯訪，亦即由各家電視記者或主播輪流與你一對一訪談，形式可能是現場直播，或錄製存檔以供稍後在新聞報導中播放。藉由這種訪問型態，多家電視台得以在幾個小時內完成訪問。

媒體通訊聯訪時常需委託影音製作公司協助安排，全程下來可能要價不菲。較為經濟實惠的替代方案，是使用電腦、行動裝置或智慧型手機接受各家媒體的視訊採訪，或將訪問過程錄製下來，以供播放。

幸好現在有 Skype 和其他通訊平台，想在家中或其他方便的地點舒適地接受電視台採訪，可說相當輕鬆簡單。不過，務必找到安靜的合適地點，並提早預訂整個空間，以確保訪問過程中不會受到任何干擾。

美國的韓國政治專家凱利（Robert Kelly）就是血淋淋的例子。凱利在家中書房與 BBC 連線接受採訪，不料女兒意外打開了房門，進入房內，走到父親身邊。還在學走路的小兒子緊跟在後，滑著學步車進入房內。不久，他們的母親慌張地出現在畫面內，急忙抓走兩個小孩，把房門關上，讓丈夫可以繼續與 BBC 主播對談[7]。

這部視訊採訪的影片在網路上廣為流傳。事後凱利表示，他認為這場尷尬的意外可能意味著「他的名嘴生涯就此劃下句點」[8]。

社論對頁專欄與署名報導

社論對頁專欄（op-de）和署名報導是指報章雜誌中的個人意見特稿，旨在解釋及闡述個人的觀點或經驗。公司和組織也能利用這類版面說明危機的實際情況、應對危機所採取的步驟，以及如何確保往後不會重蹈覆轍。

一般而言，社論對頁專欄的特色包括：

- 提供讀者別出心裁、嶄新或罕見的觀點，協助其思考某一議題、事件或主題。
- 提供讀者某一切身主題的深入解析或相關資訊。
- 提供讀者其他管道或許未能給予的資訊或啟示。
- 以個人經驗或專業為論述基礎。
- 篇幅通常介於五百到一千五百字（視發刊單位的規定）。

撰寫社論對頁專欄和署名報導的好處在於可直接向普羅大眾傳遞訊息；缺點是大部分地方報社只接受出刊地區讀者的投書、版面有限、文章需要幾天或幾週才會刊登，而且報社可能會在取得或未徵詢作者同意的情況下編輯及濃縮文章內容。

動筆寫社論對頁專欄，說明危機的特定面向之前，建議你先多讀幾期要投稿的報章，了解出版單位喜歡的風格和主題，甚至可以請他們提供寫作規範文件。

致編輯函

如同社論對頁專欄一樣，致編輯函也能協助你繞過媒體，直接向社會大眾呈現從你的角度所看到的危機實況。但同樣地，你想表達的內容可能也會經過縮減和編輯，而且無法保證內容是否／何時會刊登。建議你先詢問各家刊物徵稿及刊登的相關政策。

網路新聞專區

不管你與社會大眾和媒體分享什麼資訊，藉以說明你所面臨的危機，都應盡量讓資訊容易取得及使用。不妨在官網上設立清楚標示的新聞專區或媒體頁面，專門提供新聞稿和新聞報導的最新連結。

若要參考網路新聞專區的相關範例，請上 PublicRelations.com 的「危機新聞材料」

（Crisis Press Materials）網頁，依所示大小寫輸入密碼「CrisisPressMaterials2020」。

新聞媒體誤植事實

記者每年產出不少報導，少則幾十篇，多則數百篇，在報導中引用錯誤資料在所難免。不過，即便記者犯錯的比例低於百分之一，想想如果所有報導都在細節上出錯，仍會造成不少困擾。所有事實都很重要，不容輕忽。除非獲得更正，否則錯誤將會成為危機歷史資料和相關報導的一部分，進而演變成日後表述危機經過的「官方」記錄。

由於社會大眾對科技的仰賴漸深，因此提防報導危機的新聞中是否出現任何錯誤、假消息或假新聞，時時保持警覺，比以往更為重要。

燒毀巴黎聖母院的那場大火就是很貼切的實例。如同第 258 頁所述，YouTube 演算法誤把聖母院大火的影片連結到美國九一一事件的相關資訊，誤導觀看者認為兩起事件之間有所關連，使得最終 YouTube 員工必須介入處理，澄清這則假消息[9]。

雖然覆水難收，但總是有機會採取因應措施，儘快修正報導中的錯誤，這點相當重要。

媒體提供錯誤資訊時，你應該：

- 聯繫負責報導的記者，向對方解釋錯誤所在。
- 如果無法立即聯絡上記者，也可要求與編輯談談。
- 要求媒體儘快更正錯誤。
- 監看新聞媒體，確定錯誤已確實修正。

報社注意到錯誤之後，通常隔天就會在報紙上刊登勘誤啟示，並立即更正網路新聞；雜誌可能會在下一期澄清報導內容。有些新聞媒體會在網站上公開聯絡方式，方便讀者和觀眾通報新聞錯誤及溝通更正的細節。

不過，如果是電視或電台播報的新聞，你就得快速反應。若能立即聯絡電視台或電台，有時他們能在同一新聞時段中即時勘誤，或者先記下內容，留待下一時段再更正。

練習：扮演記者

接受記者採訪前，請撥出點時間向世上最刁鑽的記者提問，也就是你自己。由於你對危機、醜聞或緊急事件的所有細節（理當）瞭若指掌，因此也最有可能揣摩記者的立場，提出最艱澀或令人難堪的問題。

在此練習中，請站在記者的角度，提出到時訪談中可能被問到的所有問題。請參考以下範例情境及幾道記者可能詢問的問題，確認練習方向是否正確。情境中，你必須獨力回答問題，不能參考任何資料。

情境：公司總部所在的大樓毀於一場大火。火災發生當下，辦公室內有七十五名員工在上班，但你不清楚確切有多少人安全逃生、命喪火場，還是受到輕重傷。火災發生在今天上午十點。

記者：據了解，一場火災重創了你的公司。你能告訴大家發生了什麼事嗎？

你的回答：

記者：有任何人員傷亡嗎？

你的回答：

記者：清楚起火原因嗎？有任何嫌疑犯嗎？

你的回答：

記者：這場意外造成多少損失？

你的回答：

記者：這個事件對貴公司的營運有什麼影響？

你的回答：

記者：你還想告訴社會大眾什麼事情？

你的回答：

記者：請簡單介紹一下公司跟業務內容。

你的回答：

現在請大聲唸出你的答覆並豎耳聆聽內容，判斷回答是否令你滿意。你可以利用第一章提供的各種情境來額外練習。

PART 6

從他人的成敗中學習

任何事情都有可能演變成危機，從意外事件到隨時故態復萌的問題，都可能是危機導火線。

本章中，你可以參考他人回應危機的方式，從中學習。無庸置疑，如果能從其他公司、組織和個人的慘烈經驗中得到啟發，進而受益，總是好過親自經歷類似的事件才學到教訓。

千萬別鐵齒地認為危機永遠不會找上門。太多組織以為某些危機不可能發生，但到頭來，終究還是得處理那些危機，在慘痛的教訓中認清殘酷的現實。

以下各個案例會一再強調危機管理和溝通計畫的重要。如果你已擬定相關計畫，本章的個案研究正能提醒你每年檢討及更新計畫，並定期演練和練習，確定計畫能有效因應不同危機情境。如需詳細資訊和危機演練的業界實例，請參閱第三章。

什麼是危機？

在我的認知中，任何內、外部事件可能影響組織形象、名聲、活動、收益或日後發展，甚或干擾或阻礙正常運作，就可以稱為危機。危機可能影響員工招募和留任情形、打擊員工士氣，並讓公司暴露於訴訟風險之中。企業面臨的某些緊急事件或許永遠不會攤在鎂光燈下接受檢視，但有些事件可能會成為新聞報導、國際頭條，甚至是社群媒體的熱門話題。有些危機可能一天就船過水無痕，有些則可能拖上好幾天、好幾個禮拜，甚至好幾個月。

無論危機屬於哪種性質或為你的組織帶來哪些衝擊，儘快擺脫危機的影響，恢復正常生活，絕對是最重要的目標。

危機導火線

我從個人和公司的案例中，整理出眾多可能引發危機的事件、情況和活動。這些資料都是取自新聞媒體對危機的報導，以當事人或組織回應危機的理想做法為基礎，逐一列舉個案加以探討。任何事情都有可能演變成危機，從意外事件到隨時故態復萌的問題（一家公司不斷復發的各種危機），都可能是危機導火線。以下列舉多個案例以供參考。

每一個案都會列示危機類型、所屬產業或其他適當類別、所在國家，以及公司、組織或當事人的名稱／姓名，之後再簡短說明新聞媒體和網站所提供的危機概況。接著在「作者點評」中，我會評比該公司、組織或當事人在回應危機（有時是製造危機）上的表現。這是為了呼應本書宗旨，亦即提供危機管理的相關建議和忠告，無論讀者是有心避免危機發生、當下正深陷危機之中，或是希望借助精簡的參考書籍，快速了解他人如何應對危機，都能在看完本書之後獲益良多。

每個案例都會清楚標示理想做法，並指出當事人或組織是否符合相關標準。除了表達我對危機處理方法的看法之外，我無意評論、背書或推薦本書所提之任何個人、公司或組織的服務、專業或產品。我之所以選擇這些案例，是因為新聞媒體或網站報導了他們所發生的危機，或是他們在處理過程或訓練中扮演了明確的角色，甚至是因為我親眼見證了危機處理的演練實況，像是國防部那個例子。這些新聞報導和網站都會列於「注釋」，而該部分也會記載書中所有危機處理案例的資訊來源，以及我從他處援引的任何聲明、意見和觀察結果。

本章結尾，我會簡述我心目中防範、回應及管理危機的理想做法，期能協助你在事前準備就緒，並在遭逢危機後順利恢復重回正軌。

預告：以下個案研究的相關解析不會提供詳盡的逐步說明，也不會整理從危機爆發之初到落幕間整個過程的時間表。光是這些內容，就足以寫成一本甚至好幾本專書。若需了解危機的最新發展，請到我的網站（PublicRelations.com）查看「危機最新動態」（Crisis Updates）頁面，依所示大小寫輸入密碼「CrisisAheadUpdates2020」。

當然，如果你正遭遇危機，或即將深陷危機之中，除了這本書之外，我想你也很難有時間或耐性去查閱其他書籍或參考資料。

為方便翻閱，我將各種危機導火線整理成清單，並附上頁數，供你快速了解公司、組織或個人面臨危機時的因應之道。

如果你想進一步了解以下個案的相關資訊，歡迎到我的網站（PublicRelations.com）查看。輸入密碼「CrisisAheadUpdates2020」（留意大小寫）進入「危機最新動態」（Crisis Updates）網頁後，你就能找到相關連結，瀏覽危機的最新消息。

最後，如果你想參考其他人所遭遇的類似危機，試著思考可能的應變辦法，請翻回第 37 頁〈你會怎麼做？〉查看各種情境，現實中諸多危機都是從這些情境演變而來。

危機個案研究

個案 1

能否防範悲劇發生？

危機導火線：意外事故
類別：航空公司、飛機製造
國家：美國
公司：波音

面對現實：意外隨時都有可能發生，無論身在何處，所有人、所有組織都有可能淪為受害者。雖然大多數意外不會成為地方、全國或國際媒體的頭條，但只要見報，通常就表示事件的影響甚大，對知名公司或個人帶來衝擊，甚或牽涉不尋常的情形或狀況。

危機概況：波音公司出廠的兩架飛機在幾個月內接連失事[1]。新聞報導指出，空難事件與某個軟體的瑕疵有關，而波音早就知道這個問題。美國聯邦民航局（Federal Aviation Administration）似乎將部分責任歸咎於波音公司[1]，但波音和一名國會議員則暗示是機長操作失誤造成空難[1]。

作者點評：波音公司在兩起意外發生前後所採取的因應作為，已成為教科書談論危機防範和回應的負面教材。

理想做法：積極尋找及處理可能引發危機的問題

如果波音能在事發之前更積極處理造成意外的各項問題，或許就能避免這兩起悲劇發生。

理想做法：一旦察覺問題，務必提出告誡或設法處理

發覺任何可能危及人身安全的問題後，切勿悶不吭聲。一旦事情浮上檯面，不及時通報主管、告知大眾，只會讓情況更加惡化。

理想做法：別怪罪他人或企圖卸責

怪罪他人或在言行中顯露卸責的意圖，永遠不是明智之舉，尤其是在深入而全面調查危機之前，更應避免給人這種印象。不過如同前文所述，波音和政府官員在發生危機後，似乎就犯了這項大忌[1]。

理想做法：如果錯不在你，最好明確說明

機師工會表示，這兩起事件的責任歸屬與機師無關[1]。

理想做法：道歉別拖拉

第二架飛機失事後，波音公司等了二十六天才發布影片，為空難道歉[1]。

個案 2

不只是四捨五入出了錯而已

危機導火線：帳目錯誤
類別：會計
國家：美國
組織：費城政府

面對現實：組織應隨時做好準備，以便帳目出錯時能及時因應。幸好會計師和記帳部門不會時常出錯，只是一旦發生，往往就會鬧上新聞，為組織帶來危機。

危機概況：內部稽核發現，費城市政府在帳目上出錯連連，相關金額總計超過九億美元[2]。

作者點評：市政府對危機的處置公開、坦白、透明，不遺餘力。

理想做法：力求透明

一名市府官員在記者會上公開說明帳目錯誤的問題[2]，並解說接下來預計採取哪些應變措施，解決這令人難堪的處境。市府在內部稽核時發現了這些問題[2]，不過從公共關係的角度來看，這好過由外部單位或監管機關發現錯誤。自行察覺問題，總是比由外人揭發更好。

理想做法：說明已掌握的狀況

市政府財務主計長琳哈特（Rebecca Rhynhart）發布新聞稿，標題寫著：市政府財務主計長發現財務管理的重大缺失，建議緊急處理[2]。除了新聞稿之外，琳哈特也召開記者會，當面回答記者的所有問題[2]。

理想做法：全盤揭露

琳哈特公開一份稽核報告，裡面概要說明了市政府的稽核流程，並詳細解說他們如何在內部稽核中發現帳目問題[2]。

理想做法：不粉飾太平

發現問題跟確認問題能順利解決是兩碼子事。琳哈特說到重點：「如果消極地允許這些缺失繼續存在，市政府的財政報告將失去其診斷城市財務狀況的功用，變成沒有效率的工具。」

理想做法：給予切合實際的期望

市府發言人表示：「我們認同這件事相當急迫（如同琳哈特所說），也已採取適當作為著手解決問題。當然我們都希望問題能一天就解決，但像這樣的問題顯然需要時間才能圓滿解決。我們預計在年底前完成整個程序[2]。」

個案3　千夫所指

危機導火線：指控

類別：娛樂圈

國家：美國

當事人：凱文・史貝西（Kevin Spacey）

面對現實：捲入輿論公審相當容易，只要有人對你的公司、組織或你本人提出控訴，事情就會一發不可收拾。

危機概況：超過三十人指控演員史貝西性侵，其中包括一名年輕演員，他宣稱當時只有十四歲[3]。

作者點評：遭受指控後，衝擊可能直接迎面而來，而且餘波盪漾，影響深遠。被迫攤在鎂光燈下接受檢驗的不會只有遭控訴的當事人，包括他／她服務的公司和身邊的親友，都會連帶遭殃。

理想做法：從自身立場陳述事件

為回應有人控訴他性侵了十四歲少年，史貝西在 Twitter 發文說道：「老實說，我完全不記得見過他，那應該是超過三十年前的事了。但要是真如他所述，我的確應該就我酒後嚴重失態一事，誠摯地向他道歉，也很抱歉造成他這些年來的心理創傷[3]。」

理想做法：別混淆視聽

在同一則推文中，史貝西表示：「現在我選擇認同我的同志身分。我想要誠實、公開地處理這件事情，而這需要從檢視自身的行為做起[3]。」雖然史貝西是為了性騷擾的指控道歉，但他藉機出櫃，有模糊焦點之嫌，反而惹來輿論撻伐[3]。

理想做法：以實際行動捍衛形象和名聲

史貝西遭控訴後，有些人和組織選擇與他保持距離。國際電視藝術與科學學院（International Academy of Television Arts and Sciences）表示不會頒發艾美獎特別貢獻獎給史貝西，Netflix 也宣布停拍史貝西參與演出的熱門影集《紙牌屋》（*House of Cards*）。《金錢世界》（*All the Money in the World*）不到兩個月就要上映，但導演仍決定砍光史貝西的戲份，將他除名，並找來其他男星重拍相關劇情。線上新聞網站 Vox 觀察發現，這些舉措一致顯示「好萊塢極其重視這些（不利於史貝西的）性侵控訴，或至少可看出，其不當行為應早已是圈內公開的祕密，不少娛樂產業的從業人員紛紛走避，選擇敬而遠之[3]。」

個案 4　就地掩護！

危機導火線：槍擊事件

類別：製造業

國家：美國

公司：Henry Pratt Co.

面對現實：隨時可能有人闖進公司或校園開槍。有時，這種瘋狂行徑其來有自（例如出於怨恨），但有時卻毫無源由。槍擊案會造成社會恐慌與混亂，當然也會引來媒體報導。

危機概況：事件發生在芝加哥近郊的 Henry Pratt 製造廠。一名任職十五年的資深員工向同事開槍，奪走五條生命，並造成五名員警受傷，最後槍手遭警方制伏，中槍身亡[4]。

作者點評：當天的事發經過對大家而言並不陌生。警方接獲報案後，在幾分鐘內就抵達現場，著手處理這起重大槍擊事件。

理想做法：展現同情心

製造廠和母企業均對外表達哀傷、沈痛和慰問。Mueller Water Products 在官方網站和社群平台上發布以下訊息：「對於今天伊利諾州奧羅拉（Aurora）Henry Pratt 廠區發生的悲劇，Mueller Water Products 深感震驚，心情沉重。在這個極度煎熬的時刻，我們與受害者及其家屬、第一線人員、奧羅拉當地居民，以及整個 Mueller 大家庭的每一份子並肩同心，共度難關[4]。」

理想做法：表達關懷之意

該公司宣布成立救難基金，為槍擊事件罹難家屬以及受傷或創傷的員工提供財務支援[4]。

Mueller Water Products 發表聲明，表示：「此刻我們最為關心同仁的身心健康，並承諾為員工及其家屬提供所需支援。我們會持續與執法單位密切配合，在此也對他們致上最深的敬意。我們會持續更新所能掌握的詳細資訊[4]。」

若要比對華盛頓軍事基地人員應對重大槍擊事件的方式，請查看第 90 頁。

個案 5

他們在想什麼？

危機導火線：廣告／行銷

類別：美妝

國家：英格蘭、蘇格蘭、威爾斯、北愛爾蘭

公司：雅芳（Avon）

面對現實：奚落消費者的外表，使其感覺受到羞辱，大概沒有比這更糟的銷售手法了。不過，還是有些公司會使用這種行銷技巧，而且一如預期總會引起輿論反彈，吸引媒體報導。

危機概況：雅芳鎖定英國消費者，在 Twitter 上發布一則廣告推銷去除橘皮組織的保養品，而廣告文案提到，大腿有橘皮組織的女人「沒有魅力」[5]。評論家指控這家保養品公司貶低女性。遭受輿論抨擊後，這家公司連忙撤下廣告並公開道歉[5]。

作者點評：發揮創意縱然是件好事，但如果創意冒犯到他人，就應另當別論。如果當初有人認為廣告內容不妥，顯然是沒人挺身指出錯誤，不然就是意見受到忽視或否決。更糟的是，相關人員可能從未意識到廣告可能使人不快，甚至明知不妥卻不在意。

理想做法：先測試效果再正式發布

謹慎衡量廣告可能帶來的後果和影響，並思考該如何表達，以及為何非這麼做不可。事前務必深入研究這些議題。盡可能徵詢及聆聽各種不同意見，並認真看待他人給予的回饋，以免鑄下大錯。由於現在社群媒體當道，大眾對你所作所為的反應可以相當立即，產生的衝擊也時常大到難以承受。千萬別忽視這些重要而珍貴的意見，使自己落入更難以挽救的困境之中。

理想做法：快速回應批評

「身體自愛」（Body Positivity）運動倡導人士賈米兒（Jameela Jamil）在 Twitter 上發文表示：「每個人的大腿上都有橘皮組織。我有，你有，@Avon_UK 裡那群可笑的人肯定也有。請停止用年齡、重力和橘皮組織來羞辱女性。這些都是難以避免、完全正常的生命現象。渲染大眾對這些現象的恐懼，並宣導要設法『修補』這些『身體瑕疵』，最終只會演變成雙輸的局面[5]。」對此，雅芳毫不遲疑，馬上回應了這些批評。

理想做法：承認錯誤

雖然聲稱廣告的出發點是要營造「輕鬆有趣」的氛圍，但雅芳仍坦承這是一次錯誤的行銷決策：「我們搞砸了」，這支廣告「未成功達到預設的目標」。他們最終還是撤掉了那支引起軒然大波的廣告[5]。雅芳勇於承認錯誤、移除廣告，並至少在這次的爭議中，展現公司願意傾聽消費者意見及試圖補救錯誤的態度，這或許能挽回一點大眾對該企業的印象分數[5]。

個案 6
踰越道德界線

危機導火線：婚外情
類別：娛樂產業
國家：美國
公司：華納兄弟（Warner Brothers）
當事人：辻原（Kevin Tsujihara）

面對現實：對某人感到悸動是人的天性，而這股好感可能會發展出一段感情，甚至婚姻。但在商場上，這樣的男女關係可能會為雙方帶來麻煩，尤其如果其中一人在職場上位高權重，足以呼風喚雨，便很容易節外生枝。兩人的關係曝光後，他們身邊的親友和任職的公司都將一同成為鎂光燈追逐的焦點。

危機概況：華納兄弟董事長辻原與女演員夏綠蒂・科克（Charlotte Kirk）的婚外情曝光並獲得證實，而且他疑似利用自己的影響力，幫科克爭取到角色。最後辻原辭職下台[6]。

作者點評：執行長或其他企業高層毫無預警地突然辭職，可能會引發組織內部的焦慮和恐慌。

理想做法：掌握問題後就要著手處理

華納媒體（Warner Media）執行長史坦基（John Stankey）發表以下聲明：「辻原辭去華納兄弟的董事長和執行長職位，對華納媒體、華納兄弟、員工和合作夥伴而言，都是最好的結果。」這或許是處理這樁危機最好的辦法了[6]。

理想做法：盡可能避免事業受到干擾

史坦基在給員工的備忘錄中表示，他會試著減少高層離職對公司營運的影響。「我承諾會竭盡所能，儘快降低領導職務移交後，公司日常營運所受到的干擾。明天我會告訴你們這段過渡期的領導人選[6]。」

理想做法：表達感謝並協助提振士氣

史坦基不忘向員工表達感激。「我想感謝所有同仁的耐心與誠實，尤其是華納兄弟團隊，日後公司還要繼續仰賴全體同仁的韌性、貢獻和專業，共同開創一條新的道路[6]。」

個案7 都是我的錯

危機導火線：（有必要的）道歉

類別：娛樂圈

國家：美國

當事人：芭芭拉·史翠珊（Barbra Streisand）

面對現實：企業和名人的言行或許當下看似「合理」，但卻可能招來麻煩，導致當事人必須為當時的言論或行為向大眾道歉。

危機概況：女演員／歌手／導演史翠珊告訴《泰晤士報》，這兩名男性指控歌手麥可·傑克森在他們小時候猥褻了他們，但在性侵的過程中，他們其實「開心極了」，而且性侵這件事也並未「害他們沒命」。後來她為這番言論道歉[7]。

作者點評：雖然說出的話不可能再收回，但有時還真希望當初沒有衝動發言。

理想做法：承認錯誤

史翠珊對控訴傑克森性侵的受害者語出不敬，在社群媒體上引來網友撻伐[7]。聯絡美聯社澄清之前的言論後，她在網路上發布這則發自肺腑的道歉聲明：「先前談及麥可．傑克森和受害者時，我的用字遣詞不夠周詳，對於這番言論所造成的任何苦痛和誤解，本人在此致上最深的歉意。」她寫道，「我並非刻意無視受害者的創傷。我明白他們就像所有性侵受害者一樣，終其一生都無法徹底擺脫這個傷痛。對於之前的不當發言，我深感懊悔自責，同時也希望詹姆士和韋德了解，我發自內心尊敬及敬佩他們揭發真相的勇氣[7]。」

史翠珊不是第一個為自身言行道歉的公眾人物，喜劇演員凱西．葛蕾芬（Kathy Griffin）在網路上發布了一張「搞笑照」而惹上麻煩。照片中，她提著貌似總統川普的頭顱，血淋淋的畫面顯然已超出幽默的尺度。不久後她就道歉了。她坦承玩笑開得太過火，照片一點也不有趣[7]。

理想做法：三思而後言

和全世界分享個人想法前，請先思考內容是否合宜。為什麼你想這麼說？其他人聽到後，可能會有什麼反應？如果你的言論引起群眾躁動或反感，為何當初執意要說？

個案 8 **拘留**

危機導火線：逮捕

類別：航空業

國家：美國

公司：達美航空（Delta Air Lines）

面對現實：登上媒體版面的所有可能情況中，公司領導者或員工遭逮捕或許是大家最不樂見的狀況。公司員工或主管被戴上手銬帶走，或被迫在警局、監獄或法院「公開亮相」，而且當事人無法把臉遮住，這些影像經由媒體大肆放送，怎麼想都不是什麼好事。

危機概況：達美航空一名員工在約翰甘迺迪國際機場遭警方逮捕，因為他竊取一個裝有二十五萬美元現金的旅行袋，未將行李放上即將飛往佛州邁阿密的班機[8]。

作者點評：一旦有員工或主管遭警方逮捕，公司應快速應對、有效處理（包括就逮捕原因採取修正措施），以求儘快擺脫陰影，回歸正常營運。

理想做法：明確說明對事件的感想

達美航空清楚表達公司立場：「這名員工的行為令人無法接受，這絕非達美團隊奉行的專業素養和價值[8]。」

理想做法：明確說明處置方式

達美航空發言人告訴 ABC News：「公司相當重視這起事件，目前除了配合相關單位深入調查，內部也已自主展開調查[8]。」

個案 9 糟糕！

危機導火線：注意細節

類別：零售業

國家：紐西蘭

公司：IKEA

面對現實：如果魔鬼藏在細節中，那麼一旦細節出錯或缺少重要元素，勢必得為此付出龐大代價。專案、產品或活動的細節疏失，可能讓公司深陷難堪處境。

危機概況：如何讓整個國家憑空消失呢？IKEA 行銷所用的全球地圖中遺漏了紐西蘭，不小心創造出嶄新的「世界觀」[9]。一名眼尖的顧客發現了這個瑕疵，將地圖照發布到 Reddit 網站[9]。

作者點評：IKEA 給我們的啟示，是要請他人以嚴格挑剔的眼光，仔細檢視你的工作、專案、計畫或活動內容；暫時將自我和自負擺在一旁，虛心聽取他人的意見、觀察、建議或忠告；無論是預計執行、已著手進行，還是日後即將推行，不妨問問自己或他人哪些環節可能出錯，並多加防範。虛心檢討過去成功或失敗的經驗：哪些地方本來可能出錯？哪裡的確發生了錯誤？你的表現好嗎？抑或只是好運或倒楣？下次你會怎麼調整或改進，以獲得最理想的成果，或至少將風險降到最低？

理想做法：將問題視為己任

IKEA 表示會採取具體措施，好好善後這場烏龍事件。「IKEA 有責任確保所有產品採用正確且符合規範的主題設計，但在 BJÖRKSTA 世界地圖這項商品上，此程序顯然已經失靈。我們會實施必要舉措，防止日後重蹈覆轍，而該產品也已從門市下架。犯下此過錯，我們深感懊悔與抱歉[9]。」

理想做法：問題越快解決越好

這起烏龍事件發生得不是時候，因為 IKEA 日前才剛宣布即將在紐西蘭開分店，讓這一切顯得更加尷尬。一名 Twitter 使用者發文指出：「希望到時 IKEA 來紐西蘭開第一家店時，他們不會拿著自家製造的地圖，遍尋不著我們的位置[9]。」

個案10

引人反感

危機導火線：抵制
類別：汽車業
地區：亞洲
公司：特斯拉（Tesla）

面對現實：我們或許直覺認為，熱門商品降價必能帶來皆大歡喜的局面。然而，假如有人最近才剛以原價購入某樣商品，但該商品旋即降價，不妨問問他們作何感想。

危機概況：亞洲的特斯拉車主群起抗議，表達對電動車商決定調降特定車款價格的不滿[10]。有些顧客才剛付不少錢買車，車商隨後就宣布降價[10]。

作者點評：特斯拉調降售價後才發現自己進退維谷，深陷困境。

理想做法：為行動與決策提出解釋和理由

特斯拉表示，從店面販售轉型為線上銷售有助節省經營成本，才決定降價[10]。

理想做法：預先設想他人對決策的反應

特斯拉理應很早就該料到會引發這場危機。一名亞洲車主在網路上發布以下內容，很能代表當時的普遍觀感。「我在二月二十五日入手特斯拉的 Model X，而我只開了五天，特斯拉就宣布降價 174,300 人民幣，」《環球時報》報導中引述了微博用戶 Luweijuzi 的文章。「所有新車主中，大概就我最倒楣[10]。」

理想做法：竭盡所能解決問題

特斯拉很快就重新檢討定價和銷售策略。幾天後，該公司宣布再次調整經營策略，預計保留的實體門市會比之前公告的數量更多，因此降價的幅度不再那麼大[10]。

個案11 最後一毛錢

危機導火線：破產
類別：零售業
國家：美國
公司：西爾斯（Sears）

面對現實：開公司並維持營運需要投入大量時間、資金和心力。很多時候，經營者投注的心力不足，就勢必得多花時間維繫正常運作、躲避債權人，並盡可能不斷嘗試，才有可能成功。

危機概況：連鎖零售商西爾斯聲請破產[11]。

作者點評：媒體報導西爾斯所面臨的挑戰時，常將這家老牌零售百貨塑造成巷口雜貨店一般的形象，好似這家企業已在網路購物的世代已淪為夕陽產業！

理想做法：危機也是轉機

雖然聲請破產形同宣告全世界，你的公司目前陷入危機，可能需要援助，甚至可能撐不過難關而倒閉，但好消息是，宣告破產可能也是重生的開端，公司能開始重整財務狀況，尋找東山再起的契機。西爾斯百貨就是活生生的實例。這家連鎖零售商對外傳遞一則重要訊息，亦即他們正竭盡所能運用手上所有適當的資源，設法重回正常營運。

理想做法：不輕言放棄

有時噩耗可能言之過早，只要支援一到位，就能拯救公司脫離破產險境。或是像西爾斯一樣，褪去往昔不可一世的璀璨風華，以全新面貌走出破產的陰霾，如同以下這則二〇一九年的報導所述。CNBC 報導指出，「西爾斯獲得重生的機會，而這次，這家百貨巨頭選擇穩紮穩打，重頭開始。西爾斯控股（Sears Holdings）在堪薩斯州的奧弗蘭帕克（Overland Park）、路易斯安那州的拉法葉（Lafayette）和阿拉斯加州的安克拉治（Anchorage）率先開幕全新 Sears Home & Life 店面（平均佔地三百五十坪），店內主要銷售床墊、家電設備和智慧居家服務，以此嶄新樣貌打響全新品牌[11]。

理想做法：危機過後，隨時向重要對象說明你重振旗鼓的最新進展

西爾斯力圖東山再起的過程，無疑會繼續吸引媒體去報導。問題就在，到時的新聞焦點會是公司倒閉，還是成功重生呢？誠如記者在報導未解決的議題時經常這麼下結語：「時間會證明一切，我們將持續關注後續發展。」

個案12 **這裡不歡迎你**

危機導火線：產品禁用
類別：塑膠、主題樂園
國家：美國
公司：迪士尼

面對現實：今日的必需品，明天可能就不再需要。

危機概況：二〇一八年，迪士尼禁止全球園區使用一次性的塑膠吸管和攪拌棒[12]。

作者點評：留意趨勢、發展、品味及大眾重視的議題，萬一哪天你的產品不再受市場青睞，你才不會大感意外。同時也要隨時做好準備，才能在必要時順應環境去改變。近年來，禁用塑膠用品已然形成一股趨勢，就是很貼切的例子。

理想做法：留意可能影響形象和名聲的趨勢和發展

塑膠製品對環境的傷害無庸置疑。海洋中的垃圾有高達百分之八十是塑膠，目前已有超過六十個國家禁用一次性塑膠用品[12]。

理想做法：清楚說明你所採取的因應措施和原因

一名迪士尼主管很明白地解釋了公司的決策。「停用塑膠吸管和其他塑膠用品是我們對環境管理的長遠承諾中深具意義的一步，」迪士尼主題樂園董事長查佩克（Bob Chapek）指出，「只要全球共同推行這類政策，就能有助於減少人類的環境足跡，朝長期的永續發展目標跨出一大步[12]。」

理想做法：慎選宣布時機以產生最大影響力

迪士尼挑了很棒的日子宣布這項塑膠禁用政策：二〇一九年世界地球日前夕[12]。

理想做法：解釋行動或決策所將產生的影響

迪士尼指出，這項禁令每年能減少超過一．七五億根吸管和一千三百萬根攪拌棒。園方會以紙吸管取代塑膠吸管[12]。

理想做法：告訴大眾下一步會怎麼做

除了禁用塑膠吸管外，迪士尼表示飯店和郵輪上的備品會開始以可重複補充的形式提供，客房內的塑膠製品也將減少百分之八十。此外，迪士尼也打算減少園區和郵輪上的塑膠袋，並淘汰所有聚苯乙烯材質的塑膠杯[12]。

個案13

責任推得乾乾淨淨

危機導火線：推卸責任／代罪羔羊

類別：銀行

國家：美國

公司：富國銀行（Wells Fargo）

面對現實：有些人（和組織）從不認錯。對他們來說，責怪他人比較簡單。企業找藉口將責任推給造成問題或錯誤的第一線人員，是很卑劣的公關處理方式。

危機概況：富國銀行高層怪罪基層行員使用非法的銷售手段[13]，但基層員工對危機的說法則大相逕庭[13]。

作者點評：推卸責任的初衷明明是要設法脫離困境，但時常反而會挖出更大的洞，越陷越深。為了自己犯下的過錯或判斷失誤而責備他人，怎麼樣都說不過去。公司、組織和個人一旦發現自己成了代罪羔羊，必須馬上反應、還擊、為自己辯護，否則外人必將誤解責任歸屬。

理想做法：從自身立場陳述事件

很高興能看見富國銀行的前員工有所作為，從他們的角度呈現事實，讓大眾和媒體得以更了解真相。該銀行的幾名離職員工向 CNN 表示，他們每天承受經理施加的業績壓力，但「他們卻對有違道德，甚或違法的行為視若無睹，」CNN 的報導中如此寫道[13]。

理想做法：以自身經驗說明論點

富國銀行前員工博特蘭（Sabrina Bertrand）回憶：「經理對著我放聲嘶吼，要我幫原本就信用不良的客戶開立（多個）支票帳戶。管理階層施加的壓力簡直讓人喘不過氣[13]。」

個案14 這對你有什麼價值？

危機導火線：賄賂

類別：教育

國家：美國

組織：南加州大學（University of Southern California）

面對現實：當好處或成就不足以回饋人們對某事所投入的努力，有些人會不顧一切地走上非法途徑，達成其設定的目標。這些極端手段可能讓當事人（以及身邊的人）惹禍上身。

危機概況：FBI 指控，十幾位有錢人利用非法管道，讓子女得以進入南加州大學等美國名列前茅的知名學府就讀[14]。

作者點評：一旦發現有人違反法律、規則或規定，務必快速反應，而且要讓他人知道你已迅速著手處理。南加大除了快速處理危機，也針對危機發表適切的言論並採取適當的作為。

理想做法：迅速採取行動

涉案家長遭聯邦檢察官起訴後，南加大便對外宣布，所有與這起醜聞有關的學生一律不予錄取[14]。

理想做法：掌握整體狀況

南加大表示，校方會從已註冊入學的學生中，逐一清查哪些人可能與這起醜聞有關。發言人指出，南加大會「先完成全面查核，在掌握充分資料的情況下做出適當決策。有些學生當初申請入學時還未成年[14]。」

理想做法：深入調查

南加大表示會從內部深入調查，釐清實情[14]。

理想做法：採取適當行動

南加大表示會檢討錄取決策的相關程序，並開除兩名遭聯邦檢察官起訴的校內涉案人員[14]。

個案 15 到不了彼岸

危機導火線：斷橋事件

類別：基礎建設

國家：美國

組織：佛羅里達國際大學（Florida International University）、全國運輸安全委員會（National Transportation Safety Board）

面對現實：某些國家的基礎建設（包括橋樑、街道、高速公路）狀態不佳，需要隨即維修或更換，這不算是新聞。不過，要是基礎建設才剛落成就坍塌，可就是天大的新聞了。

危機概況：位於邁阿密的佛羅里達國際大學中，一座剛蓋好的人行天橋意外坍塌，造成六人喪命，十人受傷送醫[15]。

作者點評：這座新人行天橋才剛開放不到一個禮拜，而且就在事發當天上午，設計天橋的公司才收到政府核發的安全證明[15]。這麼新的建築物就這樣應聲斷掉，實在是始料未及。

理想做法：聽從適當機關和專家的指示

務必明白何時需負起責任，主動釐清引發危機的原因，而何時又該交由外部單位調查。在美國，橋樑意外皆由全國運輸安全委員會負責調查[15]，一旦發生事故，該機構會隨即介入調查[15]。

理想做法：公開調查進度

只要情況進展順利，全國運輸安全委員會（NTSB）會適時向媒體和大眾公開調查進度。在斷橋事件的首份調查報告中，政府機關發現「報告僅能提供初步資訊，之後會在後續調查中適時補充及修正[15]。」

NTSB 秉持「真相優先」的原則深入調查，大有斬獲，並對外公布當時已知的重要細節。該機構在調查報告中彙整重要資訊，釐清該天橋的興建目的和歷史、預期完工時間及建造工法。報告結尾則說明調查的後續規劃，並指出輔助調查的相關人員和組織[15]。

個案16 不公平的優勢

危機導火線：作弊

類別：線上遊戲

國家：美國

公司：要塞英雄（Fortnite）

面對現實：力求獲勝的動力可幫助個人和公司達成重要目標和目的。然而一旦過於極端，為了成功而不擇手段，則可能產生得失心過重的好鬥形象，使人畏懼，迫使組織必須設法維護親和形象和正直的名聲。

危機概況：《要塞英雄》發現玩家在線上世界盃賽事中作弊[16]。部分玩家違反賽事規則，密謀拉抬彼此的分數[16]，以不公正的方式取得優勢[16]。

作者點評：不管是哪個產業或專業領域，恪守道德應該是所有企業和組織的至高原則。讓外界了解你如何處理作弊或賽事的爭議，除了有助於強化形象和聲譽，更能提醒玩家遵守規則，否則就得承受違規所帶來的後果。調查賽事作弊的爭議後，Epic Games 採取適當措施，妥善處置了涉及作弊的玩家。

理想做法：採取行動

著手調查作弊的相關指控後，Epic Games 撤銷了數百個帳號的參賽資格，並取消了超過兩百名玩家靠作弊贏得的現金獎勵[16]。

理想做法：力求透明

為了在玩家和非玩家心中樹立遊戲公平、公正的形象，遊戲公司在網路上公開說明其監視賽事的機制，解說其如何判斷及驗證優勝者、確保所有玩家都能遵守遊戲規則，並明訂違規的懲處方式[16]。

理想做法：完整揭露

遊戲公司公開遭停權的帳號數、停權的時間長度，以及獎勵遭撤銷的玩家人數。他們提供網頁連結，讓玩家能自行參閱相關規則。此外，他們也鼓勵玩家檢舉可疑活動，協助相關人員及時介入調查[16]。

理想做法：強調核心價值

該公司在官方網站上張貼以下公告，清楚指出其重視的價值：「支持有趣、包容且符合《要塞英雄》精神的賽事是我們的首要目標。參賽者如有任何違反運動家風範的行為，即與賽事精神相違逆，對此《要塞英雄》絕不寬容[16]。」

個案17 有罪

危機導火線：性侵兒童

類別：宗教

國家：梵蒂岡

組織：天主教會

當事人：教宗方濟各（Pope Francis）

面對現實：幾十年來，天主教會神職人員性侵兒童的新聞屢見不鮮[17]。

危機概況：教宗方濟各在二〇一八年對梵蒂岡官員的聖誕節演講中表示，侵犯及性騷擾兒童的神職人員應向有關單位自首，天主教會不再隱瞞他們的罪行[17]。

作者點評：危機未獲正視或解決的時間越長，處境可能益發艱難。天主教會幾十年來揮之不去的兒童性侵疑雲就是很好的例子。舉凡新聞頭條、司法調查、逮捕行動和法律訴訟，都會引起大眾對危機的注意。但要處理及化解危機，往往需要領導力、決心和毅力才有可能成功，可惜，即便到了近年，這類不堪的醜聞仍未獲得正視及妥善處理。很多面向會受影響：受害兒童的生活、宗教名聲（教徒多達十三億人）[17]，以及教會領袖的信譽。

理想做法：指認錯誤

教宗方濟各坦承，教會長久以來始終對性侵醜聞置若罔聞。他譴責教會領袖缺乏經驗、見識淺陋，拒絕採信受害者的說詞，而遲遲「未能付諸行動肩負起應有的責任」[17]。

理想做法：挺身解決問題

教宗指出，往後「教會將竭盡所能伸張正義，制裁犯下這類罪行的罪犯[17]」。他表示會召開國際高峰會，到時教會領袖將針對性侵防範這個議題交換意見[17]。

理想做法：呼籲響應（一）

教宗方濟各鼓勵受害者勇敢揭發真相，並感謝媒體願意幫受害者發聲，同時也呼籲加害人「洗心革面，勇於面對司法審判，並準備接受神聖的制裁[17]。」

理想做法：呼籲響應（二）

教宗呼籲曾遭性侵、濫權施壓，以及受到不人性對待的被害者勇敢發聲。他表示，「隱藏真相是更罪大惡極的醜聞[17]」。

理想做法：給予合理期待

方濟各直言，處理這類醜聞「絕非易事，因為施暴者手法細膩，總能設法避人耳目。」他指出，他們謹慎挑選受害者，下手的對象通常甘於保持沉默，「害怕別人異樣的眼光，活在恐懼中否定自我[17]」。

理想做法：切合實際

切勿發表連你都無法背書或難以置信的聲明或承諾。BishopAccountability 網站的朵依爾（Anne Barrett Doyle）表示，梵蒂岡以往認為主教沒有主動通報性侵事件的責任與義務，要犯罪的神職人員自行投案根本是天方夜譚[17]。朵依爾指出，「（方濟各）誤以為教會領袖掩蓋性侵惡行只是少數，而將其歸咎於領導者欠缺訓練或警覺心，而不是刻意選擇欺瞞。」教宗表示，掩蓋罪行的做法已不復見，但她對此深感懷疑[17]。

個案 18　額外添加物

危機導火線：污染

類別：農業、食品

國家：美國

公司：Growers Express

面對現實：如有必要，企業與政府機關會警告社會大眾，揭發特定商店和其他通路所販售的食品有安全疑慮。

危機概況：為因應產品疑似檢出李氏桿菌，Growers Express 特地發布召回令，回收有疑慮的商品[18]。這家為綠巨人（Green Giant）供應各種蔬菜的公司指出，綠巨人、有機連鎖超商 Trader Joe's 和 Signature Farms 銷售的幾樣新鮮蔬菜都在此次的召回之列[18]。

作者點評：受污染的肉品、蔬菜和其他產品不僅可能危害消費者健康，就連種植、處理和銷售這些產品的公司，其形象、商譽和收益等各方面都會大受影響。

理想做法：解釋發現問題的過程

Growers Express 總裁拜恩（Tom Byrne）解釋，公司「收到麻州衛生署（Massachusetts Department of Health）的陽性檢測結果通知後，便隨即停止相關的生產作業[18]。」

理想做法：說明你已採取哪些應對措施

「維護消費者安全是我們的首要之務，」這家公司表示。「我們已著手徹底消毒整個廠區和產線設備，並在例行的衛生、品管和安全檢測工作之外，持續檢驗各項產品，一切都確認正常之後，我們才會恢復生產[18]。」

個案19 找不到犯錯的蛛絲馬跡……至少表面上是如此

危機導火線：掩蓋錯誤

類別：叫車服務

國家：美國

公司：Uber

面對現實：不樂意與媒體和大眾分享敏感、機密或令人難堪的資訊是一回事，但刻意掩蓋，希望相關資料永不見天日，則是另一回事，而且可能已經觸法。

危機概況：叫車服務公司 Uber 遭駭客入侵，約兩千五百萬名使用者的機密資料外洩，但 Uber 企圖掩蓋事實，引發社會譁然。最後，Uber 支付一・四八億美元的高額和解金，與提告的各州政府和解收場[19]。

作者點評：比起想隱瞞的事實本身，掩蓋錯誤的舉動或許更值得譴責。千萬別為了隱瞞錯誤，而使事情雪上加霜。好好處理所發生的事情，腳踏實地繼續前進。如果企業像 Uber 這樣寧願隱藏危機，而不願向大眾開誠布公，只會使情勢更糟。他們勢必沒聽過第 100 頁提到的「第一坑洞定律」，亦即發現自己陷在洞中時，切勿繼續挖掘，以免越陷越深。Uber 就是不斷往下挖坑，才使處境益發艱困。

理想做法：釐清公司或組織內的情況

Uber 執行長霍斯勞沙希（Dara Khosrowshahi）在二〇一七年十一月表示，公司在二〇一六年底就曾得知，兩名有心人士入侵公司合作的第三方雲端服務商，不當存取儲存於雲端的使用者資料[19]。

理想做法：別一堆藉口

Uber 執行長繼續說道：「這一切本來就不該發生，沒有任何藉口[19]。」

理想做法：清楚說明你已經或即將採取哪些應變措施

他在同一份聲明中指出：「雖然我無法清除過去，但我能代替所有 Uber 員工允諾，我們會從錯誤中學習及改進。我們會改變經營方式，將誠實奉為所有決策的核心精神，盡全力贏回客戶的信任[19]。」

個案20

處理不善

危機導火線：客訴
類別：鐵路
國家：美國
組織：New Jersey Transit

面對現實：問題拖得越久，解決問題所需的時間越長。

危機概況：乘客投訴 New Jersey Transit 提供的交通運輸服務品質低落[20]。

作者點評：每種事業都需有人購買其產品或服務，才能持續經營下去。道理很簡單：沒有客戶就沒有業務，也就成不了事業。因此我不懂為何有公司或企業會允許員工出現不當言行，使客戶漸行漸遠。如果新聞媒體和大眾發現其中事有蹊蹺，對公司的傷害就會更大。這種情況下，所謂「有曝光都是好事」的說法反而不見得正確。

理想做法：虛心承認有改進空間

處理危機的第一步是承認錯誤，這正是 New Jersey Transit 執行長科貝特（Kevin Corbett）的做法。他向董事會坦承，「這幾個禮拜以來，我們始終未能提供理想的服務品質，讓乘客安心[20]。」

理想做法：採取具體作為

這家運輸公司的董事會核准通過一筆新的營運預算，為公司挹注額外的營運資源，以改善鐵路運輸服務及誤點問題[20]。

理想做法：說明處理對策

紐澤西州州長墨菲（Phil Murphy）在火車站舉辦記者會，宣布一系列的改進措施和改革方案，期能給予乘客更優良的通勤體驗，包括採購新車廂、規劃更多接駁巴士、改進行動應用程式，以及提供更快速的火車誤點資訊，讓服務更穩定可靠[20]。

理想做法：不給予不切實際的期望

科貝特告訴董事會，「不過我必須明說，這些問題不可能幾天內就馬上解決[20]。」

個案21　系統全面當機

危機導火線：網路攻擊
類別：製造業
國家：挪威
公司：海德魯（Norsk Hydro）

面對現實：如今，電腦和軟體程式早已成為全球企業和組織的重要命脈。一旦駭客在這命脈中放入致命病毒，甚或完全掌控電腦系統，所有營運就會無預警地立即停擺。因此，預防及回應網路攻擊的能力已然成為不可或缺的重要本領。

危機概況：全球數一數二的鋁業大廠海德魯遭受網路攻擊[21]。

作者點評：從海德魯處理網路攻擊的過程來看，該公司顯然早有準備。

理想做法：排除障礙

雖然網路攻擊癱瘓了這家鋁業製造商的營運網站，但該公司臨機應變，改在Facebook上發布最新消息，並在企業大樓的多個入口處張貼資訊。員工也改為透過智慧型手機收發電子郵件。不僅如此，海德魯早已養成備份所有資料的習慣，等到危機解除後，公司就能利用這些備份，安全地還原系統[21]。

理想做法：勿胡亂臆測

若不清楚危機背後的主使者或發生原因，就別盲目猜測或推斷。有篇新聞報導引述海德魯發言人的言論，指出公司無法確認攻擊背後的主謀[21]。

理想做法：尋求援助

挪威的網路安全機構協助海德魯處理這起網路攻擊事件，順利度過危機[21]。

個案22 臨界點

危機導火線： 水壩潰堤

類別： 基礎建設

國家： 巴西

公司： Vale S.A.

面對現實： 面對造成人員傷亡和財產損失的大規模災難，處理過程時常依循類似的模式。

危機概況： 巴西一處鐵礦場的水壩潰堤，造成幾十人喪命，好幾百人失蹤[22]。

作者點評： 企業主管和政府官員迅速展開救災行動。

理想做法：隨時說明最新狀況

事發礦場的負責公司 Vale 在網路上公布最新消息，即時更新失蹤人員名單；政府官員向媒體簡短說明這場意外的相關事宜，解說官方會為罹難者及其家屬提供哪些協助、如何尋找失蹤人員、如何幫助受害者，以及如何監視及防阻損害[22]。

理想做法：展現對危機的關心

巴西總統親自飛到事發現場勘災，之後在 Twitter 發布以下內容：「親眼目睹現場的整體情況後，實在很難不感到沮喪。我們會在能力範圍內全力協助受害者、盡可能將損傷降到最低、調查意外原因、伸張正義，並防止再有類似馬里亞納（Mariana）和布魯馬迪紐（Brumadinho）等地的悲劇發生，保障巴西人民的生命財產安全並保護環境[22]。」

理想做法：展露同情心

政府宣布舉國為罹難者默哀數日[22]。

理想做法：道歉

CNN 報導指出，「Vale 負責人施瓦茨曼（Fabio Schvartsman）在週末發布的影片中表示，布魯馬迪紐發生這場災難，該公司「罪無可赦」，懇請巴西人民原諒。他指出，公司會盡力協助受害者，而在馬里亞納的意外事故之後，Vale 就「費盡心力」強化壩體安全[22]。

理想做法：確保日後不再發生類似危機

早在二〇一五年就曾發生過類似的水壩潰堤意外，那場災難奪走十九條寶貴生命，而巴西礦產公司 Vale 同樣難辭其咎[22]。

個案 23

全世界都看見了

危機導火線：資料外洩與網路安全

類別：信用評等公司

國家：美國

公司：Equifax

面對現實：為享有各種服務，我們與不少企業分享私人機密資訊，如今我們反而需要仰賴這些企業，為我們守護資料安全，避免機密資料外流。

危機概況：消費者信用報告公司 Equifax 坦承，駭客入侵了公司電腦，竊取一・四三億美國消費者的機密資料。這起資料外洩事件發生於二〇一七年七月，但該公司到事發一個多月之後才公開相關消息[23]。

作者點評：一旦企業發生資料外洩事件，其保護客戶姓名、地址、信用卡資訊和其他個人詳細資料的相關機制便會受到質疑，甚至客戶能否繼續信任這家公司，都要打上問號。

理想做法：立即告知壞消息

相對於立即公告，Equifax 等了六個禮拜才承認公司電腦遭駭[23]。這是錯誤的做法。萬一機密資料遭竊或入侵，消費者有權利儘快得知相關消息。該公司未迅速告知，使事態雪上加霜。

理想做法：道歉

Equifax 執行長史密斯（Richard F. Smith）在 *USA Today* 上發表了一篇社論對頁專欄，在文中為網路安全出現漏洞一事道歉，並說明公司已採取哪些應變措施，以及後續預計如何處理危機。他在文章中寫道，「我們對所有受到影響的消費者深感抱歉。這是本公司創立一百一十八年至今，最應虛心檢討的時刻[23]。」

理想做法：解釋為何延遲公開說明問題

史密斯在那篇社論對頁專欄中寫道：

許多人提出質疑，詢問為何我們要在事件發生六個禮拜後才公開說明。我們完全可以理解外界的疑慮。發現資料遭駭後，我們隨即聯絡一家知名的網路安全公司，協助展開調查。當時，我們以為這起事件波及的範圍有限。該公司與 Equifax 的資安人員緊密合作，在那之後的幾個禮拜中日以繼夜地展開全面調查[23]。

個案 24 反擊

危機導火線：致命細菌

類別：農業、橄欖油產業

國家：西班牙

組織：西班牙橄欖油產業跨業合作協會（Spanish Olive Oil Interprofessional Association）、西班牙國家農業研究院（National Institute for Agricultural Research）

面對現實：西班牙是橄欖油的生產和銷售大國，全球約一半的橄欖油都來自這[24]。

危機概況：有種植物病菌（葉緣焦枯病菌，*Xylella fastidiosa*）在義大利殺死了上百萬棵橄欖樹，後來蔓延到西班牙。面對這場農災，西班牙的橄欖油產業積極應變[24]。

作者點評：任何可能影響農作物收成的因素都應嚴正看待。西班牙政府和橄欖油業者採取適當的因應措施，設法解決問題並隨時公布相關進度。

理想做法：一發現問題絕不姑息

鑑於這種疾病可能危及國家重要的經濟命脈，西班牙政府領先其他各國抑制病菌擴散。該國啟動一項研究計畫，鑽研如何有效控制這種致命的植物病變[24]。

理想做法：展開研究

西班牙的國家農業研究院啟動一項為期三年的研究計畫，設法抑制疾病擴散；國內多個研究中心攜手參與這項計畫[24]。

理想做法：尋求援助

西班牙的橄欖油公會號召多個研究機構，共同對抗危機[24]。

理想做法：明確說明因應之道

西班牙橄欖油產業跨業合作協會經理米蘭（Teresa Millán）表示，「我們籌組了多個工作小組，專門研究葉緣焦枯病菌對橄欖樹的危害，從除菌的風險分析到（病菌的）基因序列，都是我們極力探究的主題[24]。」

理想做法：說明解決問題的最新進度

米蘭向貿易刊物表示：「現階段，我們正在研議有多少預算可以動用。這些中期計畫預計都會持續好幾年，目標是要支援各工作小組正常運作三年[24]。」

個案25　未解之謎

危機導火線：離奇死亡

類別：度假飯店

國家：多明尼加

公司：Hard Rock International

面對現實：每天都有人因為各種不同的原因失去生命，但要是有人在不明的情況下離奇死亡，留下重重疑雲，事發現場必將成為眾所矚目的焦點。

危機概況：十二個月內，至少有九個美國觀光客在多明尼加度假時喪生[25]，其中有兩人是在賭場飯店 Hard Rock Hotel & Casino Punta Cana 中死亡，而同一飯店中，還有其他賓客在入住期間生病[25]。NBC News 的報導指出，「目前所有案件的死因都尚待釐清，檢察官已著手調查各種私酒是否會是造成死亡的原因。驗毒報告尚未出爐[25]。」

作者點評：觀光能創造就業，而工作機會有助於穩固人民的生計和國家經濟。如果發生不幸事件，導致觀光客不願前往特定城市、國家或景點，相關企業和政府機關就得迅速反應，及時解決問題。

理想做法：公布相關應變措施

度假飯店發出以下聲明：

我們保證，維護賓客的安全和健康始終是我們的第一要務。最近我們開始實施飲品管理政策，包括向通過認證的知名廠商採購密封、未開封的飲品，並每天檢查飯店酒吧和所有房內倒酒機所供應的所有品項。

此外，我們也訓練所有團隊成員，要求每個人嚴格查驗飯店內的所有補充品、設備和產品。我們會持續衡量及調整政策方向，全力強化及保障賓客的住宿安全[25]。

飯店還宣布會清除所有客房中的酒瓶，以進一步預防發生意外[25]。

理想做法：尋求額外援助

飯店表示會與美國的醫療照護機構簽訂合約，「為賓客提供更完善的醫療照護服務[25]。」

理想做法：表達同情

度假飯店發布以下聲明：「對於這兩起不幸意外，Hard Rock Hotel & Casino Punta Cana 深感遺憾，在此向哈里森先生和瓦勒斯先生的家屬表達慰問之情。這兩件意外分別發生於二〇一八年七月和二〇一九年四月，目前我們仍在等待死因調查報告出爐[25]。」

個案26 **全沒了**

危機導火線：文件銷毀

類別：政府

國家：加拿大

組織：加拿大安全情報局（Canadian Security Intelligence Service, CSIS）

面對現實：文件沒有備份就銷毀，可能會為團體和組織帶來嚴重問題，尤其如果是有人刻意這麼做，那就事關重大。

危機概況：加拿大安全情報局銷毀與前總理杜魯道（Pierre Trudeau）有關的文件[26]。

作者點評：蓄意銷毀文件或其他歷史記錄（可能是由官僚或其他政府官員下手，以強化行為的正當性）可能會引起人民懷疑，減損人民對政府的信任。

理想做法：建置能及早發出警訊的行政系統

檔案銷毀後三十年，新聞媒體才發現這件事並加以報導[26]。

理想做法：為行為辯護

情報局向新聞媒體表示已沒理由留著檔案。「CSIS 相當重視與工作相關的隱私問題。我們致力於資料保存的相關事宜需嚴格遵守所有相關立法和行政指示。」情報局表示[26]。

理想做法：呼籲採取行動

伯明罕大學（University of Birmingham）副教授休伊特（Steve Hewitt）表示：「這樣胡亂銷毀資料的做法曝光之後，外界開始要求國會制定相關規範，以保護政府機關持有的重要歷史文件，避免政府官員一聲令下，文件就消失在歷史的洪流之中[26]」。

個案27 這裡不歡迎你

危機導火線：歧視

類別：餐廳

國家：美國

公司：星巴克（Starbucks）

面對現實：企業以任何理由歧視任何人，不管是膚色或性向，都會很快學到教訓：歧視永遠是做生意的大忌。

危機概況：兩名黑人男子約在費城的星巴克碰面，但因拒絕應店員要求離開店內而遭到逮捕[27]。

作者點評：星巴克付出許多心力，全力處理及管理這場危機，並頒布預防對策，確保日後不再發生同樣的事件。

理想做法：釐清真相

星巴克執行長強森（Keven Johnson）在企業官網發布的公告中表示，「我們已隨即展開調查，全面釐清當時的情況。除了內部檢討之外，我們也會與外部的專家和社群領導者合作，確實了解最理想的處理方法並採用[27]。」

理想做法：承諾改善

執行長在網路公告中承諾「推動任何有必要的實務改革，防止日後再次發生類似的事件」。另外，「我們也會加強訓練所有夥伴，進一步宣導適合尋求警方協助的時機[27]。」

後來，星巴克所有門市歇業一天，安排員工上課，以確保未來不會再發生同樣的事[27]。至於為何該次的訓練課程未能完全發揮成效，請參閱第405頁。

理想做法：將承諾事項落實到組織的核心價值

強森在公告中指出，「星巴克堅決反對歧視和種族貌相判定。顧客拍下的現場影片讓人不忍卒睹，現場同仁的行為不代表星巴克的企業使命和價值觀。營造對所有消費者安全、友善的環境，是所有分店最重要的目標[27]。」

理想做法：避免重蹈覆轍

星巴克也宣布新政策，開放所有民眾使用分店的廁所和其他設施，即使未在店內消費也能使用[27]。

理想做法：道歉

接受 ABC 頻道《早安美國》（*Good Morning America*）節目訪問時，強森表示：「週四發生在我們店內的事應該受到譴責，我們的員工的確犯了錯。對此，我要親自向那兩位顧客致歉[27]。」

個案28 疾病傳播

危機導火線：疾病
類別：政府
國家：美國
組織：疾病管制與預防中心（CDC）

面對現實：雖然美國已在二〇〇〇年根除麻疹，但由於越來越多家長拒絕讓小孩注射疫苗，麻疹疫情似乎有死灰復燃的跡象[28]。

危機概況：美國疾病管制與預防中心主任鼓勵所有美國家長讓小孩接種麻疹疫苗[28]。

作者點評：這是可以提前預防的危機，只要大眾觀念正確，就能輕鬆保護自己和家人，免受早已根絕的疾病所苦。

理想做法：發現問題後立即發出警訊

CDC 主任瑞斐德（Robert Redfield）表示：「目前的疫情著實相當麻煩，我在此呼籲所有醫療照護機構與病患妥善溝通，向民眾保證麻疹疫苗的效力和安全。此外，我也要在此鼓勵所有美國人民遵循 CDC 的疫苗注射政策，共同保護自己、家人和周遭所有人的健康，齊力根除麻疹和其他可預防的疾病。全國人民必須團結一致，徹底滅絕這個疾病[28]。」

理想做法：明確指出問題根源

瑞斐德指出，「紐約疫情爆發的主要原因，在於坊間盛傳麻疹／流行性腮腺炎／德國麻疹疫苗的安全堪慮。有些組織刻意鎖定這些族群，散播不正確和誤導認知的訊息，使人民對疫苗產生誤解。CDC 不斷倡導家長向平時看診的醫療照護單位諮詢，了解疫苗接種的重要。此外，CDC 也鼓勵地方官員提供正確的科普資訊，打擊假消息[28]。」

理想做法：讓人知道你有多嚴肅看待問題

瑞斐德在聲明中表示：「抑制麻疹疫情是 CDC 的首要之務，我們全力守護美國人民的健康，斷絕疾病的傳染途徑，而疫苗正是抵禦麻疹最理想的方法[28]。」

理想做法：綜觀全局

瑞斐德表示，「世界衛生組織的報告顯示，相較於二〇一八年前三個月，全球痲疹確診數成長了三倍。這是這幾年來舉世皆然的全球趨勢，其他國家也出現了疫苗接種率下降的情形，而國內的疫情還有可能更加惡化[28]。」

個案29 **誤導認知**

危機導火線：假消息

類別：政治人物、社群媒體

國家：美國

公司：Facebook

當事人：裴洛西（Nancy Pelosi）

面對現實：現今關注全世界的新聞時，想要完全不質疑或擔心眼前的資訊是否真確，簡直難如登天。假消息是由刻意扭曲事實或誤導大眾的「資訊」所構成，意圖使大眾懷疑、疑惑或混亂，如果公司和組織不多加防範，難保不會受到負面衝擊。

危機概況：Facebook 拒絕刪除一部明顯誹謗美國眾議院議長裴洛西的造假影片。影片中，她貌似喝醉，說話遲緩[29]。

作者點評：Facebook 自稱要打擊假消息，在其平台明文規定，不允許使用者發布「誤導大眾的不正確」資訊[29]，卻拒絕下架一部試圖抹黑眾議院議長裴洛西形象的變造影片，因而引發公關爭議，咎由自取。

理想做法：清楚發聲

裴洛西接受電台訪問時批評 Facebook。「大家都說，Facebook 在不知情的情況下遭俄國利用，也算是被害者。但我認為他們是故意這麼做，因為現在證據確鑿，平台上出現了連他們都明知是錯誤的內容，但他們無動於衷。這實在大錯特錯，」她說。「我忍無可忍……（Facebook）明目張膽地向大眾說謊。他們不願撤下明知並不屬實的內容，甘願淪為俄國干涉大選的打手，這一切不證自明[29]。」

理想做法：回應媒體提問

電台在官方網站上註明，「Facebook 未立即回應我們的要求，提供此事件的相關說明[29]。」

理想做法：公開說明處理對策

Facebook 表示已在確認影片經過變造後，限制使用者散布該影片。此外，他們也動用相關工具，防止內容繼續出現在動態時報中，也在影片所在的頁面上附加事實查核訊息，明確標示內容為假消息[29]。

「速度是現有體制的關鍵，我們會持續改進回應方式，」Facebook 在造假影片出現後這麼表示。「使用者不論是在動態時報上看到影片、試圖分享影片，或是已將影片分享出去，所有人都會收到警告訊息，清楚影片內容不是事實[29]。」

個案30 無招架之力

危機導火線：家暴

類別：體育圈

國家：美國

公司：舊金山巨人隊

當事人：巴爾夫婦（Larry Baer 和 Pam Baer）

面對現實：家暴行為不容姑息。一旦這類事件公諸於世，施暴者就得好好解釋。有時在表象之下，或許還有更多不為人知的問題。

危機概況：舊金山巨人隊老闆賴瑞與妻子潘蜜拉產生肢體衝突，過程遭人拍下。這對夫妻後來解釋，他們當時是為了家務事爭吵[30]。

作者點評：這起事件的主角和受影響的當事人採取了正確的應變之道，包括說明事件真相，或向媒體和大眾發布聲明，說明後續處理程序。

理想做法：從自身立場陳述事件

潘蜜拉發布聲明表示：「我與丈夫在公眾場所為了一件令人難為情的小事發生爭執。我拿了他的手機，他想拿回去，但我不願意還他。我想從椅子上起來，但椅子在我們的推拉下開始傾倒。由於我三天前腳受傷尚未痊癒，所以當場失去平衡，幸好沒有因此再受傷。我們的生活如昔，婚姻依然美滿[30]。」

針對這起事件，這對夫婦發了一篇聯合聲明：「此時此刻，我們很後悔在公開場合為了家務事起爭執。回想起當時的情況，我們感到相當不好意思，而當時爭吵的事情現已圓滿解決[30]。」

之後，賴瑞獨自發布聲明：「這次事件為我的妻子、小孩和球隊造成困擾，我真心感到抱歉。這並非我期許自己成為的樣子，但事情終究發生了，往後我會全力避免出現如此不體面的行為[30]。」

理想做法：釐清事實後再發表言論

大聯盟發言人表示，官方「耳聞了這件事，我們會像處理類似的事件一樣，儘快釐清實際情況。在這之前，我們不便發表任何意見[30]。」

理想做法：說明最新狀況

球隊主管發出以下聲明：

舊金山巨人隊球團正密切關注總裁兼執行長巴爾近日發生的事件。根據聯盟規章，目前已由大聯盟主導調查所有相關事實，而球團也已全力配合調查。

巴爾先生明瞭他的行為失當，並已向球團致歉，承諾日後不會再發生類似事件。此外，他從今天起向巨人隊告假，球團也已准假。這段期間，球團要求巨人隊的管理團隊接手處理球隊的日常運作事務，並直接向球團報告。

巨人隊的領導團隊恪守最高標準，嚴以律己，這些標準將會是我們日後處理類似事件所依循的準則。目前我們不便發表其他意見[30]。

個案 31

比減肥還驚人

危機導火線：規模縮減

類別：餐廳

國家：美國

公司：Subway

面對現實：事業要成功，企業必須盡量吸引顧客購買自家的產品或服務。有些公司為了達到此目的，選擇在更多地方設立門市。當然，擴張規模是件好事，不過要有足夠的顧客上門，這項決策才合理。要是營業走下坡，公司開始虧損，會怎麼樣？

危機概況：Subway 關閉美國境內超過一千家門市，縮編幅度超過原本預計關閉五百家店的計畫[31]。

作者點評：面臨經營瓶頸，Subway 已試著做出最適當的決策，也就是關閉上千家明顯不賺錢的門市，專心顧好全局：吸引更多來客數，創造更多營收。

理想做法：解釋決策

Subway 發言人在聲明中解釋決策背後的理由：「主要目標是要帶動來客人數，提振加盟主的收益。所有決定都是為了達成這些目標[31]。」

理想做法：說明決策的脈絡和觀點

Subway 表示：「誠如去年頒布的改善計畫所指出，我們勢必要關閉、搬遷或改裝部分店面，才能達成這個目標，而這會導致分店數稍微下滑，但更多分店獲利[31]。」

個案32 **年紀太大？**

危機導火線：高齡駕駛

類別：汽車業、政府

國家：日本

組織：日本政府

面對現實：年紀越大，從事某些活動不僅愈發困難而且危險，例如開車。

危機概況：政府調查發現，超過八十歲以上的老人之中，仍有四分之一會開車上路[32]。

作者點評：除非有其他交通方式可選，不然許多年老者不得不自行開車，才能滿足基本的日常需求。問題在於，超過哪個年紀後，開車上路就會成為危害自身和他人安全的危險因子？政府要如何對症下藥，保障年老者和社會大眾的安全？

理想做法：實施對策

有鑑於好幾件死亡車禍都與高齡駕駛有關，日本政府特別研議對策，規定七十五歲以上的年長者必須通過認知能力測驗，才能更新駕照，希望這樣能解決此問題[32]。日本政府也正在商議相關政策，鼓勵反應不如從前的高齡駕駛選擇安全功能更先進的汽車[32]。

理想做法：尋求解決問題所需的協助

政府官員向專家請益，針對高齡駕駛造成車禍的問題尋求建議。專家提出的建議之一是規劃一種新型態的駕照，限制駕駛人只能在特定時間和範圍內駕駛特定的車款上路[32]。

個案 33

這是幾根手指？

危機導火線：酒駕／危險駕駛
類別：運動員
國家：美國
當事人：老虎伍茲

面對現實：喝酒或嗑藥後開車需承擔遭警方逮捕的風險。

危機概況：老虎伍茲因危險駕駛遭到逮捕[33]。

作者點評：CEO 和其他知名人物一旦酒駕而遭到逮捕，其自身和相關組織的形象都可能受到損害。

理想做法：從自身立場陳述事件

伍茲試圖澄清他遭逮捕的原因，在聲明中宣稱：「我明白自身行為的嚴重性，也會對個人行為負起全部責任。我想告訴社會大眾，這一切與酒精無關。真實原因是我服用的處方藥產生出乎意料的生理反應，我沒想到這些藥物一起服用後，會對我的身體造成如此劇烈的影響[33]。」

理想做法：據實以告

如果不據實說明危機的完整細節，等到真相大白後，可能引來更多麻煩。NBC News後來揭露伍茲的檢驗報告，檢測結果顯示，這名高爾夫球好手遭到逮捕時，體內驗出止痛藥、安眠藥，以及一種大麻成分[33]。

理想做法：道歉

伍茲做對了一件事，就是為這起意外事件道歉，並承諾「我會盡一切所能，避免日後發生同樣的事。」他甚至感謝當時盡忠職守逮捕他的員警[33]。

個案34　天搖地晃

危機導火線：地震
類別：政府
國家：美國
組織：阿拉斯加交通運輸與公共設施部（Alaska Department of Transportation and Public Facilities）

面對現實：不是只有加州會發生地震，問問阿拉斯加、日本，甚至華盛頓的居民就知道。曾經歷過地震的人可提供既寶貴又重要的資訊，供人借鏡，以利在地震前做好準備，地震時從容應付，地震後順利復原，安然度過這可能造成嚴重傷亡的天災。

危機概況：阿拉斯加的安克拉治（Anchorage）曾發生兩起地震，公路和商業活動因此重創。該州運輸部一星期就搶修完畢，在短時間內重新開放重要道路[34]。

作者點評：反應太慢是政府機關時常收到的批評，像是在發生大火和水患等天災時未能及時反應，或是災後復原的時間拖太久，而為人詬病。阿拉斯加則是令人津津樂道的反例。該州政府以史上未見的絕佳效率，快速搶修在地震中毀壞的公路，讓居民得以儘速通行，博得社會肯定[34]。

理想做法：超越期許

該州運輸部職員在四天內搶通大部分主要幹道。有人在社群媒體上指出：「加州大概需要好幾年才能修復到這種程度。」另一個人說：「這效率簡直不可思議！阿拉斯加人太幸福啦！但願德州的修復工程也能有這種速度[34]。」

理想做法：克服挑戰和阻礙

如果考慮到當時的天候狀況——氣溫嚴寒、強風颯颯、雨雪交加——州政府的表現就更令人欽佩了[34]。

理想做法：預先規劃

阿拉斯加能在地震後一百小時內搶通道路，並非毫無道理。州政府早就設想過這類緊急事件，預先做足了準備[34]。

理想做法：感謝相關人員

阿拉斯加運輸部在網路上發布災前和災後的公路對照圖，並指出：「（這些照片）說明了一切，工程人員在過去一週內不眠不休，投入的心力不在話下[34]。」

個案35 **小心許願**

危機導火線：選舉

類別：政府

國家：英國

組織：英國國會、歐盟

面對現實：選舉一定會有結果。

危機概況：英國人民用選票表達了退出歐盟的決心[35]。

作者點評：全球少有公投提案如此備受爭議，投票結果也少有像英國退出歐盟一般，影響如此深遠。這項公投試圖解決的議題，讓整個國家的人民走向兩極化，不同立場的聲音彼此對立，而公投最後以微小差距通過，絲毫無助於撫平人民之間的裂痕。無庸置疑，這引發了政壇的動盪與不確定，包括前首相梅伊（Theresa May）[35]和繼任首相強森（Boris Johnson）[35]的重要幕僚辭職，而英國國會起初遲遲未能取得共識通過脫歐法案，更使情勢陷入僵局[35]。要化解如此大規模的危機可說進退兩難，實屬不易。雖然英國最後終於在二〇二〇年一月脫歐，但公投的影響勢必還要持續好幾年。

理想做法：做好迎接意外的心理準備

誠如《哈佛商業評論》（*Harvard Business Review*）所指，「基本上，脫歐也是政治與經濟的角力，只不過公投結果跌破了大多數人的眼鏡。公投前幾個禮拜的賭盤勝率顯示，脫歐的成功機率平均只有三成左右，從未高過四成[35]。」

理想做法：明瞭決策的影響

公投落幕後，政府單位和銀行紛紛預測了脫歐可能造成的影響，然而各界對未來的願景一片悲觀，包括經濟衰退、工作機會減少、企業出走、投資環境的吸引力下降，甚至英國與歐盟的關係也將充滿不確定性[35]。

個案36 **修女也瘋狂**

危機導火線：挪用公款

類別：宗教

國家：美國

組織：天主教會

面對現實：如果連修女都不能信任，還有人能相信？

危機概況：加州托倫斯（Torrance）聖雅各天主學校（St. James Catholic School）的兩名修女被控盜用學校數十萬美元的基金，長期公款私用，包括到賭場博奕[36]。

作者點評：如果這兩名女性不是盜用教會的公款，而是企業資金，大概無法獲得如此寬容的對待。

理想做法：留意問題徵兆

這起盜用事件之所以會東窗事發，部分原因在於學校的財務狀況浮現一連串的警訊，加上教區的檢舉熱線收到一筆小費，成了重要線索[36]。

理想做法：釐清真相

校方展開內部調查、核對經費，並執行內部程序稽核，同時也著手審查職員記錄。之後，稽核人員便確認校內的確發生問題。校方留下一名鑑識會計人員，更進一步全面查核所有資料，並聘請退休的 FBI 探員，逐一訪談每一位學校職員和修女[36]。

理想做法：通知適當的主管機關

校方向警方舉報，有兩名修女私自挪用學校公款[36]。

理想做法：公開說明事情經過

教會幹部召集學校家長和校友，公開說明這起公款盜用事件[36]。

理想做法：預設自身言論終將留下記錄

這場兩小時的會議全程錄音，其中一份錄音檔最後流入某家新聞媒體[36]。

理想做法：以最理想的方式妥善處理

教會幹部表示已開除那兩名修女，將她們轉調到其他修道院服務，之後會對她們提出刑事告訴[36]。

理想做法：祭出具體對策以防危機再次發生

校方承諾會推行改善措施並著手改革，防範日後再度發生類似的財務危機[36]。

個案 37 **公司不是請你來玩的**

危機導火線：員工

類別：會計、娛樂圈

國家：美國

公司：PricewaterhouseCoopers 會計事務所

組織：美國影藝學院（Academy of Motion Picture Arts and Sciences）

面對現實：企業聘請員工來製造產品及提供服務，要是員工未能確實執行工作，可能會為企業帶來各種危機狀況。

危機概況：二〇一七年奧斯卡金像獎頒獎典禮上，工作人員將錯誤的得獎信封遞給頒獎人，導致「最佳影片」頒錯了人，但頒獎畫面早已全球放送，幾千萬名觀眾目睹了這場鬧劇[37]。

作者點評：在我的印象中，很少危機能像這樣透過電視全球直播。就算你並未在當下「躬逢其盛」，但新聞媒體和夜間脫口秀無數次播放烏龍橋段，想不看到都難。

理想做法：解釋事情的經過和出錯原因

華倫・比提（Warren Beatty）告訴目瞪口呆的現場觀眾：「我想澄清一下剛才的情況。我打開信封，裡面寫著『艾瑪・史東（Emma Stone）《樂來樂愛你》（*La La Land*）』，所以我才看著費（Faye，指另一名頒獎人唐娜薇〔Dunaway〕）和你們這麼久。我沒有要搞笑的意思[37]。」

理想做法：迅速介入處理危機

PricewaterhouseCoopers 會計事務所的員工很快就發現自己遞錯了信封，但頒獎人並未發現不對勁，直接宣布了信封上所寫的得獎人[37]。

理想做法：為錯誤負責

會計事務所做了唯一一件可以做的事：為搞砸頒獎典禮和「違反長久以來的慣例」負起全責。事務所發布聲明：「工作人員遞給頒獎人錯誤的獎項信封，但發現出錯後便隨即補救。我們目前正在調查事發原因，對於這場意外，我們深感抱歉[37]。」

個案38 差太多

危機導火線：薪酬平等

類別：娛樂圈從業人員、娛樂產業

國家：美國

當事人：馬克・華柏格（Mark Wahlberg）、蜜雪兒・威廉絲（Michelle Williams）

面對現實：女性即使與男性做相同的工作，拿到的報酬通常較低，這是不幸且令人遺憾的事實。雖然無論如何，這種現象都有失公平，但如果能有知名案例來突顯這其中的差距，除了當事人可能可以尋求司法途徑討回公道，還能激勵部分關心此議題的有志之士共同矯正歪風。

危機概況：據報，男演員華柏格參與電影《金錢世界》補拍部分場景的片酬，比同片的女演員威廉絲多了足足一百五十萬美元。這些補拍的鏡頭原本是由凱文．史貝西擔綱演出，但由於他涉及性侵而遭導演除名，因此有些場景必須緊急重拍。詳情請參見第 164 頁[38]。

作者點評：同工不同酬是攸關整個制度的重大問題，並非一時半刻就能輕鬆解決。有人高聲疾呼大眾正視這個問題，以知名人物的親身案例吸引外界關注，充分善用個人影響力。

理想做法：即刻採取正確行動

華柏格宣布將片酬捐給行動時刻法律保護基金會（TIME’S UP Legal Defense

Fund），寫下前所未見的先例。「最近這幾天，我補拍《金錢世界》的片酬成了外界熱議的焦點，」華柏格在聲明中表示，「我會以蜜雪兒・威廉絲的名義，將一百五十萬美元捐給行動時刻法律保護基金會，表達我對薪酬平等運動的全力支持[38]。」

除此之外，華柏格和威廉絲的經紀公司表示，他們會再加碼五十萬美元一併捐給該基金會[38]。

理想做法：從更大的格局看待問題

經紀公司指出，「目前（薪酬平等）的相關討論在在提醒我們發揮影響力，扛起挑戰不平等現狀的重責大任，包括正視兩性之間的工酬落差。讓業界針對此一議題持續對話相當重要，我們會盡力參與其中，追求更公平的就業環境38。」

個案 39

否則後果自負

危機導火線：勒索
類別：娛樂圈從業人員
國家：美國
當事人：大衛・賴特曼（David Letterman）

面對現實：知名人物是許多非法活動鎖定的目標，因此他們需要採取必要行動，保護個人形象、名譽和事業。

危機概況：深夜脫口秀主持人賴特曼遭有心人士勒索，歹徒要求他支付兩百萬美元封口費，否則就要揭發他的婚外情醜聞[39]。

作者點評：受害者遭人勒索後，往往會陷入進退兩難的困境。是要付錢守住祕密，還是等著醜聞東窗事發？

理想做法：從自身立場陳述事件

這位脫口秀主持人在自己的電視節目上坦承不諱地提起自己不檢點的行為，公開承認婚外情，引來各家新聞媒體大肆報導[39]。

根據製作公司發布的聲明稿，事件起源於賴特曼收到不知名包裹，寄件人聲稱握有他與《大衛深夜秀》（*Late Show with David Letterman*）多名女員工發生性關係的證據，並威脅要是賴特曼不付高額封口費，就將其性醜聞公諸於世[39]。

理想做法：尋求援助

賴特曼主動向曼哈頓地檢署提告，地檢署展開調查後，逮捕了勒索的嫌疑犯[39]。

理想做法：別假清高

賴特曼先前曾在節目上開過其他名人婚外情的玩笑[39]。

個案 40

令人尷尬的黑歷史

危機導火線：Facebook 貼文

類別：政治人物、社群媒體

國家：美國

當事人：威廉・凱洛威（William Calloway）

面對現實：Facebook 可以為個人生活帶來便利，但也可能帶來詛咒。如果想立即與全世界分享個人看法或活動經驗，這是很方便的平台；但如果曾發布一些可能會讓個人或所屬組織陷入爭議或困境的內容，這個平台就是揮之不去的詛咒。

危機概況：芝加哥有位政治人物以前曾在 Facebook 上發表恐同言論，後來這則貼文在他競選期間意外曝光，引發爭議[40]。

作者點評：每場危機中，當事人總是需要和時間賽跑。時間拖越久，情況越糟糕。

理想做法：儘速道歉

貼文曝光後，候選人凱洛威等了超過一個禮拜，才為往昔的言論道歉。他表示，他已不再抱持與當初相同的理念[40]。

理想做法：道歉

凱洛威在當地的飯店接受記者採訪，而值得稱許的是，他除了公開道歉之外，也為當年的言論提出解釋。他說：「我一定要趁此機會道歉，但更重要的是，我想表達我的心意、我對人民的心意，以及我想服務社會的心意，我想繼續為這座城市服務。我很抱歉……我真心道歉，當時的言論很不恰當，並不妥當。即便邁入青少年時期，我還是像個小孩一樣口無遮攔……我必須有所成長。每個人都需要有……改進、成長的空間[40]。」

個案 41

每天都可能是愚人節

危機導火線：假新聞

類別：政府

國家：泰國

公司：Thaiger、Phuket News

面對現實：假新聞（不管是關於什麼人、事、物或從未真正發生的事件）可能使人震驚或沮喪，或是讓人莞爾，一笑置之。但有時，假新聞也可能在真實生活中造成嚴重的後果。

危機概況：多家新聞媒體（包括 *People*）皆報導，如果觀光客在泰國的普吉國際機場（Phuket International Airport）與低空飛行的飛機合影，可能會遭判死刑[41]。

作者點評：多家新聞媒體找到假新聞的源頭，糾正了其他媒體顯然信以為真，但其實是以訛傳訛的資訊。

理想做法：澄清是非

英國《旅遊週刊》（*Travel Weekly*）說明事實，破解了這則假新聞。「上個月初，*Thaiger* 報紙和 Phuket News 相繼報導，普吉島上與飛機合影的知名自拍景點即將搬遷到邁考海灘（Mai Khao beach）的另一處，但未提及拍照會被判處死刑的事。一個月後，這則新聞有了嶄新的面貌，全球媒體競相宣稱，在當地與飛機自拍恐將面臨死刑[41]。」

「普吉國際機場（企業端）副局長 Kanyarat Sutipattanakit 的祕書 Apichet Buatong 證實，觀光客不需擔心與飛機合影會被判死刑[41]。」

理想做法：解釋問題起因

若在泰國從事危及航空安全的行為，最高可判處死刑，新聞媒體可能將自拍景點搬遷的消息與此規定混淆，因而產生了自拍就會面臨極刑的假新聞。*Thaiger* 指出，「全球各地的小報加油添醋，最後釀成大錯！[41]」。

個案42

操之過急

危機導火線：假警報

類別：政府

國家：美國

組織：夏威夷州政府

當事人：大衛・伊藝（David Ige）

面對現實：收到即將發生可能造成傷亡的事件警報，但最後證實是虛驚一場，這樣的狀況不僅恐惹怒眾人，發布警報的人和組織可也能會面臨真正的麻煩。

危機概況：夏威夷州政府誤發警報給電視台、電台和手機，誤傳夏威夷即將遭飛彈攻擊的消息[42]。怎麼會這樣？顯然是糊塗的管理人員[42]誤觸了警報按鈕[42]。

作者點評：這起短暫的危機有個令人欣慰的地方，就是民眾有在注意政府發布的消息。如同《華盛頓郵報》所報導，「手機收到假警報後……所有人便匆忙地試圖判斷還有多少時間可以逃難。在家的人就地避難，路上的行人則陷入『集體歇斯底里』[42]。」

理想做法：立即反應

警報誤發好幾分鐘後，州政府才在 Twitter 發文，指出「夏威夷並未受到任何飛彈威脅」。州長後來承認他忘了 Twitter 密碼，所以才這麼慢出面澄清這是假警報[42]。

理想做法：設法避免重蹈覆轍

州長伊藝在發文中指出，他會與幕僚檢討這起假警報事件的肇因，並商討預防對策，以免未來再次發生類似的事[42]。

州政府官員表示會建立把關機制，警報需先經過第二個人核准才會正式發布[42]。

理想做法：制定應變計畫

發出假警報後，政府官員花了將近半小時，才確定該如何告訴民眾一切安全[42]。事發十八分鐘後，政府才寄出電子郵件更正消息，而民眾更在超過三十分鐘後，才收到政府的澄清簡訊[42]。

個案 43

付諸流水

危機導火線：財經新聞

類別：製造業

國家：美國

公司：通用電氣（General Electric）

面對現實：企業通常會編撰及公布財務報表，為外界提供重要的深入資訊，公開企業的營運績效（不管是好是壞）。如果營運良好，媒體報導會吸引投資人和股東投入資金；如果表現欠佳，則可能嚇跑資金、拖累股價、減損公司價值。

危機概況：通用電氣宣布其企業價值減少將近兩百三十億美元[43]。

作者點評：商場上，有些賭注可以創造更多價值，但有時只會付諸流水。通用電氣在收購其他公司後，營運表現不如預期。

理想做法：清楚決策可能產生的結果

《華爾街日報》指出，「這家工業巨擘在二〇一五年誤判了收購阿爾斯通（Alstom SA）集團電力業務可能創造的優勢，導致商譽價值在第三季蒸發兩百二十億美元，因而不得不認列兩百二十八億美元的損失[43]。」通用電氣決定承認公司價值減損的事實，促使政府對其會計實務展開兩項調查[43]。

理想做法：解釋事發經過

該公司在第三季財報中指出，「基於業界的產能嚴重過剩、市場滲透率衰退、融資狀況使合約簽訂時間難以預估，以及在新興市場發展的複雜度高，本公司持續下調對未來的電力需求展望[43]。」

理想做法：表達對未來的信心

「這是一家體質良好的企業，」執行長庫爾普（H. Lawrence Culp）在與分析師的視訊會議上表示。「我們可以有更好的表現，這家企業很重要，我很榮幸加入這個團隊。一切都在商討之中，」他對發電業務如此補充說明[43]。

個案 44　付錢

危機導火線：罰鍰

類別：油氣業

國家：美國

公司：ExxonMobil

面對現實：企業時常在從事不當行為時東窗事發，遭法院或政府機關罰鍰。

危機概況：ExxonMobil 排放上百萬磅有害化學氣體，遭法院罰鍰兩千萬美元。法院也指出，該公司未遵守美國《空氣清潔法案》（Clean Air Act）的規定，靠鑽漏洞省下了上百萬美元的營運成本[44]。

作者點評：企業遭執法機關罰錢時，大眾的言行或反應往往取決於公眾利益在該判決中受到維護或犧牲，這點無庸置疑。

理想做法：如果滿意結果，不妨拉高格局看待這場勝利

環保團體「德州環境」（Environment Texas）負責人梅茨格（Luke Metzger）表示，他相信「這是美國公民訴訟史上最大金額的罰鍰……這象徵民眾賴以生活的環境遭全球大型污染源危害時，即便政府官員置若罔聞，美國的司法制度還是能為人民討回公道[44]。」

山巒協會（Sierra Club）「孤星篇」（Lone Star Chapter）清潔空氣計畫負責人卡門（Neil Carman）指出，這項判決傳達了「再清晰不過的訊息，振聾發聵，那就是污染德州的環境得不償失……只要有任何污染源對我們的健康和安全造成風險，我們就不會袖手旁觀[44]。」

理想做法：如果處於下風也別概括承受

ExxonMobil 發聲明強調：「本公司不認同法院的判決與懲處。」這家企業表示會考慮其他法律途徑，不排除繼續上訴[44]。

個案45

下台一鞠躬

危機導火線：失業
類別：娛樂產業
國家：美國
公司：Netflix
當事人：弗里德蘭（Jonathan Friedland）

面對現實：一旦知名企業高層的言論或行為令人不快、激發輿論而惹來一身腥，將陷自己於危險處境。

危機概況：Netflix一名高層主管在會議中發表種族歧視言論而遭公司開除[45]。

作者點評：飯可以亂吃，話不能亂說。別天真地以為自己在閉門會議中所說的話永遠不會傳出去。只要有人對你的言論或表達方式不滿，你的不當言論難保不會傳到其他人耳裡，到時，你勢必要為自己的失言付出代價。就連社會大眾都可能得知你的一言一行，如果哪天真的發生，也別感到意外。

理想做法：虛心認錯

弗里德蘭向《好萊塢報導》（*Hollywood Reporter*）提供以下聲明，算是正確示範。「領導者有責任扮演楷模，避免引發任何爭議。遺憾的是，我在與團隊聊到喜劇中常用的人身攻擊用語時，對自己的用字遣詞不夠謹慎，失去了身為主管的分寸。我深愛這間公司，我希望這裡的所有人都能有歸屬感和成就感，對於這次失言風波所造成的傷痛，我深感懊悔[45]。」

理想做法：說明處理方式和原因

Netflix 執行長哈斯廷斯（Reed Hastings）在備忘錄中向部屬宣布，他已解僱公司的溝通長弗里德蘭，後來《好萊塢報導》一字不漏地引用了這段文字。「他在至少兩個工作場合中使用了對非裔族群不敬的字眼，表示他對不同種族的意識和敏感度太低，讓人難以接受[45]。」

理想做法：說明解決問題的後續措施

哈斯廷斯在同一份備忘錄中指出，「往後，我們會設法教育及協助同仁廣泛了解種族、國籍、性別認同和基本人權等議題在社會上和公司內所面臨的諸多困境。我們力求在許多面向上營造兼容並蓄的環境，而這次發生這起事件，表示我們還有很大的進步空間。公司已聘請外部專家，協助我們加快學習的腳步[45]。」

還有另一個案例也是企業高層誤踩了敏感的種族歧視地雷，詳情請見第196頁。

個案46 **熊熊大火**

危機導火線：火災

類別：宗教

國家：法國

組織：天主教會

面對現實：對人類文明而言，火是福也是禍。火能帶來溫暖，但也能摧毀我們喜愛且認為會長久留存的東西。損失越多，新聞越大，尤其如果是我們鍾愛的建築（例如教會和大教堂）幾乎付之一炬，媒體必定會大肆報導。

危機概況：一場大火重創了巴黎聖母院，熊熊火勢驚動了上百名消防員到場支援[46]。

作者點評：說再多都已於事無補。

理想做法：竭盡所能防止危機發生

慘劇發生後，多則新聞報導紛紛指出，如果當初實行幾項措施，就能有助於防範火災、抑制火勢、加快火災通報速度。這些措施包括興建防火牆、使用先進的偵測裝備、編制消防員永久長駐，以及安裝自動灑水系統。基於不同理由，這些選項後來均未獲得採納[46]。

「如果有裝現代化的偵測系統，說不定這起意外就不會發生了，」法國古蹟推廣組織「法國文化遺產基金會」（Fondation du Patrimoine）主席波伊・帝納（Guillaume Poitrinal）表示[46]。

理想做法：別預設任何立場

《紐約時報》報導，政府官員「似乎誤判了所需的預防措施，以致於無法保護這座結構複雜且無可取代的珍貴建築。（記者）實際諮詢的科學家表示，雖然密集的木造結構或許無法在一時之間快速燃燒殆盡，但聖母院以木材蓋成，本來就可能遭祝融之災。他們直指，『一開始的思考方向就錯了[46]。』」

理想做法：設定切合實際的期限

法國總統馬克宏（Emmanuel Macron）表示，這座擁有八百五十六年歷史的文化遺跡會在五年內重新開放[46]。然而，專家預估至少要花上二十年修復，才有辦法重新開放參觀。

「勢必要先評估損壞程度、強化所有結構、統計所有損失的文物，然後尋找建築材料，」英國肯特大學（University of Kent）中古歐洲史資深助理教授格里（Emily Guerry）接受 CBS News 訪問時表示。「以前的建築工法已不復見[46]。」

個案 47

水鄉澤國

危機導火線：淹水

類別：農業、政府、氣候

國家：美國

組織：美國陸軍工兵部隊（US Army Corps of Engineers）

面對現實：洪水可奪走數百萬人的性命、摧毀社區、影響商業活動，對於企業的決心和資源也是一大考驗。

危機概況：密西西比流域降下破記錄的豪雨，洪水溢流出河堤，河上所有運輸交通癱瘓，延誤了各行各業重要物資的運送時間，農夫也無法下田耕種[47]。

作者點評：政府和企業因應水災的方式勢必會影響商譽和名聲。

理想做法：解說危機處理流程

Fox News 報導指出，「美國陸軍工兵部隊表示，至少需要有三週完全不下雨，伊利諾州岩島市（Rock Island）一帶的水位才會降到夠低，到時才能重新開啟河道閘門。軍方希望能在六月底左右重啟，但前提是雨勢要先趨緩。」

「水位下降後，會有許多復原工作等著我們，之後閘門才能恢復正常運作，」陸軍工兵行動總指揮黑諾德（Tom Heinold）表示。「河堤邊堆積了大量沉積物，河水將漂流木和樹幹沖上碼頭，狼藉不堪。就目前的狀況來看，復原工作至少需要兩到三個禮拜[47]。」

理想做法：說明危機造成的衝擊

這場大水打亂了農耕計畫，曳引機和收割機製造商 Deere & Co.表示市場對其產品的需求下降，公司獲利和銷售額勢必都會受到影響[47]。

個案 48 病從口入

危機導火線：食品安全

類別：餐廳

國家：美國

公司：Chipotle Mexican Grill

面對現實：我們以為平常購買及食用的食品都很安全，不管是從賣場採購，還是上餐廳吃飯，都能安心享用。一旦出現食安疑慮，製造或生產問題食物的公司就必須有所作為，向社會大眾發出警訊並解決問題。

危機概況：Chipotle Mexican Grill 在二〇一五年和二〇一六年[48]經歷了一連串的食安風暴，促使店家實行多項改善措施，厲行改革[48]。但在二〇一八年，這家連鎖餐廳顯然故態復萌，超過六百名顧客在俄亥俄州鮑威爾市（Powell）的分店用餐後出現身體不適的情形。目前尚不清楚是什麼原因導致這些人生病[48]。

作者點評：回應災難或醜聞時，速度很重要。餐飲公司一旦發生危機，不僅顧客的健康和安全可能面臨風險，該企業的形象和聲譽也將連帶受影響。除了解決問題，確保日後不再發生同樣的危機也同等重要。

理想做法：迅速行動

Chipotle 自發關閉餐廳二十四小時，汰換所有食材並清潔及消毒店內設備，值得肯定[48]。

理想做法：公開說明處理對策

執行長尼可（Brian Niccol）在聲明中表示，「Chipotle 制定嚴格的食品安全標準，對於任何不符標準之處絕不寬貸，並且也會竭盡所能地確保相同的問題不再發生。當初一發現這項問題，我們便迅速關閉鮑威爾分店，啟動食安因應計畫，包括全面撤換所有庫存食材，並徹底清潔及消毒整家餐廳[48]。」

理想做法：採取實際作為確保不再重蹈覆轍

Chipotle Mexican Grill 對全國分店的所有員工提供食安訓練，並計劃定時抽查每位員工，以確定所有人都清楚了解基本的食安管理程序[48]。

個案49　受騙上當

危機導火線：詐騙
類別：群眾募資
國家：美國
公司：GoFundMe.com

面對現實：購物或做事時，一般人通常會先預設產品、事件或活動真實無偽，且合乎法律規範。要是事與願違，後果可能不堪設想。

危機概況：費城一名無家可歸的退役軍人和紐澤西的一對夫婦被控透過募資網站GoFundMe詐騙一萬四千人，得手四十萬美元的捐款。事後，該夫婦並未履行承諾，以善款幫助遊民，反而將錢花在度假和買新車等個人消費[49]。

作者點評：那位費城退役軍人和 GoFundMe.com 也是這起詐騙案的受害者，與上萬名捐款人同樣值得同情。雖然該公司並未損失金錢，但群眾募資網站的形象和信譽卻大受打擊。退役軍人宣稱自己並未收到任何資助，憤而對那對夫婦提告[49]。

理想做法：做對的事

詐騙案曝光後，GoFundMe.com 依據其保證退款政策的規定，將善款一一退還給捐贈者，並配合執法機關辦案[49]。

理想做法：解決引發危機的問題根源

GoFundMe 董事長兼執行長索羅門（Rob Solomon）告訴 NBC News，他們已開始實行新的詐騙防範機制。索羅門說，「我們會先確認如何將募得的款項確實交到需要的人手裡，才會讓資金離開公司[49]。」

理想做法：從整體看危機

企業發言人衛特侯恩（Bobby Withorne）從正確的角度審視這個事件，在接受某家新聞媒體訪問時表示，這類詐騙案在所有 GoFundMe 集資計畫中「占不到千分之一」，為網站重挫的形象扳回一城[49]。

理想做法：程序透明化

GoFundMe網站的使用條款聲明，萬一資金未如期用於正確的地方，或未照計畫資助需要的人，款項將全數退還給捐贈者。這樣的保證條款能「確保善款獲得周全保護，以免募得的款項未送到預定的援助對象手裡，或捐贈者遭計畫發起人或受捐者誤導而慷慨解囊[49]。」

個案 50

沒錢難辦事

危機導火線：預算縮水

類別：運動

國家：澳洲

組織：澳洲運動學院（Australian Institute of Sport）、澳洲奧林匹克委員會（Australian Olympic Committee）

面對現實：金錢是企業和組織成功的重要資源。企業和組織需要賺取或籌措資金，並謹慎規劃開支，才能繼續經營下去。但要是組織的資金耗盡或預算遭砍，大眾就能從組織的應對之道得知其未來發展的重要訊息。

危機概況：由政府補助的澳洲運動學院（AIS）刪減澳洲奧林匹克委員會（AOC）的預算[50]。

作者點評：活動預算遭到刪減後，AOC在對外公開說明困境時做了應做的一切。

理想做法：發出警訊

AOC在聲明中表示，時值二〇二〇年東京奧運備戰期，預算縮水會導致嚴重問題[50]。

「各項運動的選手無不規劃縝密的戰術策略、聘請教練、努力精進場上的表現，期能締造更出色的佳績，但此時預算遭刪，運動選手感覺遭到背棄，面臨著龐大的不確定感，」AOC執行長凱羅（Matt Carroll）在聲明中直言不諱。「不管是訓練、計畫、競賽，選手在各方面都背負著經費壓力，加上開銷漸增，戰績再好的運動員都無法全心備戰，」他說[50]。

理想做法：解說應變對策與理由

AIS 對刪減預算一事提出解釋，指出新實施的補助模式會增加部分運動項目的預算，但奪牌機會較低的少數運動，預算則會減少[50]。

「先前，我們已就這項補助決策給予各運動的選手和組織建議，同時也預留時間讓他們消化相關資訊，並在公開宣布新政策前，建議運動員和相關人士提早因應，」AIS 院長康泰（Peter Conde）表示。「我們有信心，這些異動不會影響奧運或殘障奧運的成績[50]。」

個案51 **他說什麼？**

危機導火線：失態／失言
類別：政治人物
國家：美國
當事人：歐巴馬

面對現實：所有人都可能一時口誤，甚至在口誤當下都沒能即時反應過來。

危機概況：二〇〇八年，時任參議員的歐巴馬在首場總統造勢活動上發表演說，他說他跑了五十七個州，而且也講錯緬甸風災的災民人數。隔天，《洛杉磯時報》的頭條斗大寫著：歐巴馬想當五十七州的美國總統[51]。

作者點評：每個人都可能口誤，在引用重要事實、數據或其他資料時犯錯；也可能針對無權談論或毫無關係的事物公開發表個人意見，而顯得失態。當事者如果是名人或服務於知名企業或組織，其所犯的錯就可能登上新聞頭條，進而損害形象。有時候，一時口誤還可能引來令人困擾或毫無防備的提問或問題，甚或引發嚴重後果。

理想做法：坦承錯誤

歐巴馬顯然意識到自己說錯了話，因此他在活動結束後告訴記者：「但願那時我是說十萬，而不是一億個（風災災民）。我知道我今天脫口說出美國有五十七州，由此可知我對數字實在有點，呃[51]。」（原文照登）

理想做法：確保日後不再犯同樣的錯

以下事前準備可幫助你避免語出驚人或陷入尷尬處境，不妨盡可能多管齊下，以防萬一：

- 說話前，先思考你想表達的內容及原因。
- 預想他人可能會給予哪些批評，並據此調整要講的內容。
- 寫下言論內容，並反覆大聲唸出來。可以的話，可將唸的內容錄下來。錄音內容聽起來夠理想嗎？如果不理想，原因何在？
- 唸給一或多個人聽，並詢問對方看法。

・演講、簡報或接受記者採訪前，務必充分休息。

萬一真的發生失誤，千萬別老惦記著錯誤。即便是最傑出的演說高手都有口誤的時候。反省錯誤後，就繼續向前。

個案52　你有聞到味道嗎？

危機導火線：天然氣外洩

類別：公用事業

國家：美國

公司：Columbia Gas

面對現實：數百萬人仰賴天然氣來維持室溫（包括住家和企業）、燒開水，乃至為各種設備供電。然而，將天然氣送到住家和公司行號的部分輸送管線恐怕有外洩和爆炸的疑慮。萬一天然氣外洩，或甚至發生更嚴重的災難，為社會帶來的動盪和損失恐怕不是幾天或幾週就能平復。

危機概況：波士頓郊區發生三起天然氣爆炸意外，奪走一條寶貴性命、十幾人受傷，且至少三十九戶住宅起火[52]。

作者點評：一旦發生這類重大意外，政府官員和相關組織時常會分頭行動，確保民眾平安無礙之外，也會全力善後，協助一切儘快從災難中復原。

理想做法：因應現實需求

在能力可及的前提下，設定切合實際的目標和里程碑對排除危機和災後復原相當重要。Columbia Gas 對外宣布需要六十天的時間，才能將這起意外影響範圍內將近八十公里長的管線全數換新。對此，有些專家質疑該公司並未認清民眾的實際需求。「現在已是九月底，我們很清楚接下來的幾個月，民眾勢必會比現在更需要天然氣，」Columbia Gas 發言人弗森（Scott Ferson）表示[52]。

弗森說，災後復原工作會「在人力可負擔的範圍內儘快完成」，而且會「仿照更長施工期的相同（施工）標準[52]」。

《波士頓環球報》（*Boston Globe*）報導指出，根據 Gas Safety USA 安全專家艾克力（Bob Ackley）所述，這家公用事業公司的施工時程「不切實際，當地企業和居民需要在暖氣恢復供應前，提前想辦法因應即將降臨的寒冷天氣，這對他們不甚公平[52]。」

「我懷疑 Columbia Gas 其實沒有充足的資源來完成這項工程，」他後來對我說。「如果企業無法設定足以滿足實際需求的期限，並在期限前完成預定工作，以妥善處理問題並從危機中復原，就會衍生不少麻煩——或甚至演變成更大的危機[52]。」

理想做法：做好準備

要在潛在危機爆發前做好準備，擁有充足的資源可說相當重要。艾克力指出，「我認為這家公用事業公司沒有能力處理這類災難。他們的應對措施有如隔靴搔癢，根本無助於恢復大眾對 Columbia Gas 的信心，更何況政府還委託另一家公司協助加快災後復原[52]。」

理想做法：從全局的視野看事情

Columbia Gas 透過新聞稿表示，該公司「天然氣輸送管線的汰舊計畫已行之有年，旨在汰換國內所使用的鑄鐵和裸鋼管線。從近期發生的事件來看，我們必須以超乎正常標準的規模加速推動梅里馬克河谷（Merrimack Valley，發生氣爆的地區）的換新工程。本公司將持續努力，儘快將管線系統全面換新[52]。」

個案53 無可容忍

危機導火線：仇恨言論

類別：政府、社群媒體

國家：歐洲

組織：歐盟

面對現實：美國人享有幾近零限制的言論自由。雖然美國憲法的保障範圍包含了仇恨言論，但其他國家可不一定賦予人民相同的自由。

危機概況：歐盟頒布《行為準則》（Code of Conduct），施壓社群媒體平台共同打擊日漸猖狂的仇恨言論[53]。

作者點評：有些危機餘波盪漾，影響較為深遠。

理想做法：說明危機處理的最新進度

三年後，歐盟宣布 Facebook、Twitter、Microsoft 等科技公司已能在二十四小時內識別及移除大多數涉及人身攻擊的網路留言[53]。

理想做法：多做一點

甚至有部分歐洲國家實施更嚴苛的法律，來控管網路上的仇恨言論。舉例來說，法國立法規範社群媒體網站在二十四小時內刪除仇恨言論，並提供使用者檢舉這類內容的管道。現在，如果企業不遵守這條法律，可能會面臨高達一百四十萬美元的罰緩[53]。德國也立法管制仇恨言論，像是 Facebook 未遵守相關法規，便遭罰兩百三十萬美元[53]。

理想做法：管理外界期望

「這只是打擊非法仇恨言論的開端，」歐盟執委會副主席喬洛娃（Vera Jourová）說。「目前仍看不出社群媒體平台上的這類內容有減少的趨勢，但我們觀察發現，《行為準則》是對抗這項挑戰的利器[53]。」

個案 54

照我的命令去做

危機導火線：挾持人質

類別：快遞

國家：美國

公司：UPS

面對現實：如同許多刑案一樣，人質挾持事件是熱門的新聞報導題材。員工的人身自由遭有心人士惡意控制時，企業的回應勢必成為大眾注目的焦點，得到的關注不會少於挾持事件本身。

危機概況：一名男子潛入 UPS 在紐澤西洛根鎮（Logan Township）的服務據點挾持了兩名員工。這名男子後來慘遭警方擊斃，幸好兩名女性人質並無大礙[54]。

作者點評：公司行號萬一有員工或客戶淪為人質，應遵照警方的指示化解危機。

理想做法：聽從主管機關指示

如果你發現自己身處挾持事件的事發現場附近，執法機關可能會請你就地掩護，等候進一步的指示。在此案例中，警方封鎖街道並關閉附近的學校和企業，只允許新聞記者駐守在 UPS 大樓的安全距離之外[54]。

理想做法：對執法人員表達感謝

事件落幕後，快遞公司發出以下聲明：「今早，本公司位在紐澤西洛根鎮的供應鏈處理園區發生歹徒持槍入侵事件，UPS 要對在第一線應變的執法人員表達最誠摯的感謝[54]。」

理想做法：危機解除後莫忘告知大眾

該公司在同一份聲明中表示：「這起事件現已落幕，所有員工已交由地方員警保護及照料[54]。」

理想做法：為遭危機波及的當事人提供協助

UPS 指出，「公司會為該服務據點的員工提供支援及照護，協助他們從這起不幸的事件中恢復正常生活[54]。」

個案55　不是鬧著玩的

危機導火線：幽默
類別：娛樂圈
國家：美國
當事人：凱西．葛蕾芬（Kathy Griffin）

面對現實：喜劇演員是為了帶給人們歡笑而存在的角色，他們永遠都在嘗試新的笑料，測試觀眾的反應。不過，搞笑和幽默還是要謹守分寸。一旦踰越了界線，不僅無法達到娛樂觀眾的宗旨，更可能付出慘痛代價。

危機概況：喜劇演員葛蕾芬發布一張她自認為幽默的照片。照片中，她提著貌似一顆剛砍下的頭顱，而主人正是現任總統川普。外界的反應來得又快又猛烈——CNN撤銷她主持跨年節目的合約，合作邀約一一取消，川普與其家人和眾多支持者群起撻伐，美國特勤局也介入調查[55]。若要了解葛蕾芬如何度過這場危機，請參閱第398頁。

作者點評：不是所有人都懂你的幽默，或欣賞你嘲諷某些事物或對象的做法。嘲諷的對象越有社經地位，伴隨而來的後果就會越強勁。有時，玩笑所引發的迴響可能會與玩笑本身完全不成比例。

理想做法：道歉

葛蕾芬在個人的官方 Twitter 帳號發布影片，為此事鄭重道歉。她說，喜劇演員的身分讓她無時無刻想「打破框架」，但她明白這一次「玩笑開得太過火」。那張照片犯了人身攻擊的大忌，而我也了解這踩到了許多人的底線。這一點都不有趣，我已學到教訓，」她這麼表示，並補充提到她正設法將照片從社群媒體上移除[55]。

還有另外一個人跟葛蕾芬同病相憐。兩個年輕男性揭露自己小時候遭流行天王麥可·傑克森性侵的經歷，引來芭芭拉·史翠珊發表有欠周詳的言論，事後她為此鄭重道歉（完整說明請見第 174 頁）。

個案 56

強風肆虐

危機導火線：颶風／颱風／龍捲風
類別：政府、氣候
國家：印度
組織：奧里薩邦（Odisha）

面對現實：政府必須透過適當的方式採取正確行動，造福人民，尤其是在預防及因應天氣狀況和天災方面，政府的角色更是重要。

危機概況：熱帶氣旋法尼襲擊印度奧里薩邦，這是多年來入侵當地最強烈的暴風[56]。

作者點評：面對大自然極其猛烈的反撲，奧里薩邦做足了紮實的災前準備，打了精彩的一仗。據網站 theconversation.com 指出，當地政府確實推行「零傷亡」的天災預防政策，並建立起精確的天氣預警系統[56]。

理想做法：採取行動

當地政府在兩天內疏散了超過一百萬人，並迅速搭建起數千座臨時廚房和避難所。超過四萬五千名志工投入支援[56]。

理想做法：排除阻礙

聯合國減災辦公室（United Nations Office for Disaster Risk Reduction）等組織對奧里薩邦政府讚譽有加，並讚賞數千名志工願意勞心勞力，有效控制熱帶氣旋法尼可能造成的傷亡和損失。誠如某家新聞媒體所指出，「在氣旋這樣的強度之下，還能成功避免更多人命傷亡，實在難能可貴[56]。」這場因應天災的撤離行動，規模之大堪稱印度史上數一數二，實屬不易[56]。

理想做法：做足準備

奧里薩邦能成功應對危機，可歸功於當地政府的事前整備工作[56]，具體措施包括：

- 擬定詳細的熱帶氣旋應變計畫
- 建立氣旋預警系統，以利提早做好準備
- 與主要群眾快速溝通，並清楚說明危機

- 管理及監督有責回應及處理實際狀況的相關人員[56]

個案57 無相關證件

危機導火線：移民／非法移民

類別：政府、食品加工

國家：美國

公司：Koch Foods

組織：移民和海關執法局（Immigration and Customs Enforcement, ICE）

面對現實：多年來，非法移民始終是執政當局的燙手山芋，短期內不太可能圓滿解決。如果企業在知情的情況下僱用非法移民，不僅聯邦政府可課以罰金，公司主管還可能為此鋃鐺入獄[57]。即使企業未察覺自己聘請了非法員工，還是可能深陷危機之中。

危機概況：移民和海關執法局專員在 Koch Foods 家禽肉品加工廠逮捕超過兩百四十名非法移工[57]，堪稱「近十年來最大規模的移工稽查行動[57]」。Koch Foods 是美國規模名列前茅的家禽肉加工廠[57]。有關單位突襲密西西比州的七家食品加工廠，若再加上從 Koch 逮捕的非法移民，便總共逮捕了六百八十名非法外籍勞工。目前檢察官尚未起訴四家企業和其主管，不過政府相關單位表示，之後仍可能會交由司法處理[57]。

作者點評：政治人物至今仍就國家的移民政策激烈攻防，對於該如何處理非法移民仍無定案。如果企業與這類爭議扯上關係，又希望避免給人不肖僱主的印象，就應好好解釋企業的人事政策、實務狀況和招募程序，提出令人信服的說法。

理想做法：從自身立場陳述事件

Koch Foods 表示，雖然政府的搜查令狀指出他們的加工廠僱用非法移工，但不代表 Koch Foods 事前就知悉該廠的聘僱情形[57]。

理想做法：反守為攻

Koch Foods 指出，執法單位官員違法搜索他們的雞肉加工廠，因此所有蒐證均不得用於不利該公司的用途[57]。

理想做法：發出警訊

「如果司法允許執法單位這樣搜索民間企業，表示國內那些合法僱用移工的企業，都可能因為執法機關單方面的懷疑就遭受非法搜索，而非奠基於合理根據，」Koch 的辯護律師道金斯（Michael Dawkins）表示[57]。

個案 58 掃到颱風尾

危機導火線：無辜受牽連

類別：娛樂圈、製藥業

國家：美國

公司：賽諾菲（Sanofi）

面對現實：有些人和企業運氣欠佳，無故捲入醜聞而無法脫身。雖然他們沒有做錯什麼，但從人格、言行到價值觀都會備受質疑，遭大眾放大檢視。

危機概況：女星芭爾（Roseanne Barr）在 Twitter 上發表種族歧視言論，導致她備受歡迎的喜劇影集取消拍攝，而後，她將此過錯歸咎於賽諾菲製造的安眠藥 Ambien[58]。

作者點評：很明顯，芭爾想把該藥廠的產品當成擋箭牌，為她種族歧視的發言爭議滅火。對此，賽諾菲很快就予以回應，算是處理得當，值得讚賞。

理想做法：別找藉口

芭爾在 Twitter 上發文，似乎想將失言的責任推給安眠藥 Ambien：「當時是凌晨兩點，我在吃了安眠藥的狀態下發了那則推文，而且當天還是陣亡將士紀念日。我玩笑開得太過火，不奢求有人替我說話——那個笑話太超過，完全沒有辯護的餘地。我犯了錯，但願這一切從未發生……拜託請別幫我護航[58]。」她的推文引來大量批評，甚至有人特地發文模仿，毫不留情地嘲諷她[58]。

理想做法：從自身立場陳述事件

賽諾菲在 Twitter 發文表示：「無論什麼種族、宗教、國籍，（本公司）員工每天辛勤工作，為的就是改善全球人類的生活。儘管所有藥物治療都有副作用，但種族歧視絕非 Ambien 目前所知的副作用[58]。」

若要進一步了解芭爾的 Twitter 發文爭議，請參見第 363 頁。

個案 59 設法找真相

危機導火線：司法調查

類別：政府、製藥業

國家：美國

公司：Rochester Drug Cooperative, Inc.

面對現實：驚動政府單位介入調查任何組織的活動或運作狀況，從來不是什麼好徵兆。一傳出什麼風聲，外界便時常驟下結論，一口咬定遭調查的公司有罪。萬一調查人員最後確實發現了任何罪證，絕對稱不上是好消息。

危機概況：聯邦和州的相關單位皆對 Rochester Drug Cooperative Inc.（RDC）展開調查，並釐清該藥物經銷商在鴉片類藥物危機中扮演的角色。調查結果出爐後，該公司隨即面臨刑事訴訟，最後同意支付兩千萬美元罰金，並實行嚴格的合規監督制度[59]。

在鴉片類藥物濫用的議題上，該公司成了首家遭聯邦政府提起刑事訴訟的藥物經銷商。全國公共廣播電台（NPR）指出，「經兩年調查，檢調人員發現 RDC 刻意無視藥局的藥物錠數限制，配合濫開處方的醫師[59]。」

作者點評：管制產業和領域的企業和組織應思考是否採取額外的預防措施，以確保營運符合法律規範。

理想做法：坦承犯錯

公司發言人表示：「我們的確有過失，RDC 明瞭前管理團隊所犯的這些錯誤會造成嚴重後果[59]。」

理想做法：別重蹈覆轍

這是美國緝毒總署（Drug Enforcement Administration, DEA）在四年內第二次發現

該公司監督產品訂單的機制有所疏漏。二〇一五年，RDC 承認未按規定向 DEA 呈報經銷狀況，漏報的訂單多達數千筆，遭聯邦政府處以三十六萬美元罰鍰[59]。

個案 60

告我啊！

危機導火線：官司

類別：新聞機構

國家：美國

公司：Charter Communications

面對現實：為了洗刷冤屈、矯正錯誤或呼籲重視某個問題或議題，提告是個人和組織時常動用的一種手段，其重要性不容小覷。不過，如果企業成了被告，官司可能會為企業帶來不少法務和公共關係等方面的麻煩。

危機概況：紐約市五名資深女主播把電視台 NY1 告上法院，控訴電視台歧視年紀較大的女性，除了縮減她們的播報時間，還找來更年輕的女主播取代她們的職位[60]。

作者點評：新聞媒體平時播報種種不當行徑與爭議事件，現在反遭自家員工告發，實在諷刺。

理想做法：從自身立場陳述事件（一）

這幾名四十到六十一歲的女主播在提告過程中談到，「沒有女性領導者的企業默許職場環境變成歧視的溫床，而且未採取適當措施，嚴肅看待這類問題，並在問題浮現時妥善解決，這樣的發展一點都不意外[60]。」

理想做法：從自身立場陳述事件（二）

電視台反駁上述控訴。NY1 母公司 Charter Communications 發言人向新聞網站 Vox 表示，

有些記者的播報時間縮短，是因為電視台多開了新聞節目，以及在併購後調整了播報時段所致[60]。

公司很嚴肅看待這些指控，經過通盤檢討後，我們並未發現當事人控訴的現象。NY1是崇尚尊重及公平的企業，致力營造友善的工作環境，讓所有員工都能感覺備受重視，享有應有的權益60。

個案61 **規模縮編**

危機導火線：裁員
類別：汽車業、製造業
國家：美國
公司：通用汽車（General Motors）

面對現實：企業通常願意竭盡所能，為了成功而不顧一切。不過，若是透過裁員之類的方式創造利潤，就可能引起紛爭，躍上新聞版面。

危機概況：通用汽車宣布裁撤北美地區多達一萬四千個職缺61。

作者點評：俗話說，預防勝於治療，這或許是這家汽車大廠決定裁員的原因。雖然這對公司員工來說不啻是個噩耗，但此決策可能有效防止了日後發生其他經營危機。

理想做法：解釋行動背後的理由

通用汽車董事長兼執行長芭拉（Mary T. Barra）告訴分析師：「我們決定趁公司和經濟還有餘力應對瞬息萬變的市場時，提前展開行動[61]。」

芭拉在新聞稿中表示，「現今採取這些行動能延續公司的轉型動能，朝高敏捷力、高營運韌性和高獲利表現的目標邁進，同時也能保有投資未來的彈性。我們體認到，公司必須超前不斷變遷的市場狀況和客戶喜好，提前部署，才有機會獲致長期成功[61]。」

理想做法：將宣布事項與其他對策並列檢視

新聞稿寫道，「通用汽車本日決定持續積極布局，以提升整體的業績表現，包括重組散布全球的產品研發人員、重新確立製造產能，以及減少正職人力。這些措施預期能持續調整年度自由現金流的表現，使增幅在二〇二〇年底達到六十億美元[61]。」

個案 62　這裡誰是負責人？

危機導火線：領導者失職

類別：汽車業、創業家、製造業、新創公司

國家：美國

公司：特斯拉

當事人：馬斯克（Elon Musk）

面對現實：執行長、總裁及其他高層主管在公開場合都要謹言慎行。一旦他們的行為引發爭議，組織內外的人員都可能受到影響，並引來外界放大檢視所有行為。

危機概況：特斯拉創辦人兼執行長馬斯克獲 *Fast Company* 雜誌評選為二〇一八年表現最差勁的領導者[62]。

作者點評：不管是企業或其他組織的領導者，其領導方式以及於公於私的言行表現都可能敗壞名聲。一次判斷失誤就可能賠上個人形象、聲譽和信用。

理想做法：以身作則

馬斯克的言行舉止、管理風格、產線運作情形，乃至公司的財務狀況，皆受到嚴苛的檢視或批評，包括員工、投資人、媒體和社會大眾都對他頗有微詞。但很顯然，他並未妥當處理這些爭議，反而在 Twitter 上斥責投資人，毫不客氣地反擊[62]。

理想做法：從自身立場陳述事件

馬斯克在接受 CBS News 訪問時為自己的領導作風辯護，他告訴記者斯塔爾（Lesley Stahl）：

> 我是有點衝動的人，不想按照外界對執行長的既定印象做事……我只是在用自己的方式處理事情。（整個夏季）我的確承受著不可思議的龐大壓力，工作時數高得嚇人。如果我真像外界所說那樣不可理喻，這一切早就分崩離析[62]。
>
> （加速製造 Model 3 的期間）我大概有一整個禮拜，工作時數高達一百二十個小時，全程沒有離開過車廠。我甚至一步都沒踏出去。我想向團隊傳達清楚的訊息，他們必須知道，不管這個過程有多艱難，我所經歷的一切只會比他們更痛苦[62]。

個案 63

洩漏機密

危機導火線：電子郵件和文件外流

類別：汽車業、製造業、新創公司

國家：美國

公司：特斯拉

面對現實：電子郵件一向令人憂喜參半。這是與成千上萬名員工迅速分享消息和資訊的實用工具，簡單方便而且效果立見。只不過，要是員工想和外界分享公司的壞消息或不名譽的資訊，也能利用電子郵件輕鬆辦到。不幸的是，比起好消息，壞消息總是傳千里，更能吸引大眾的目光。

危機概況：特斯拉的員工收到一封電子郵件，信中警告他們不可再向外界提供任何與公司有關的資訊。當然，這封警告信最後也外流到了媒體手上[63]。

作者點評：企業不應預設所有員工都清楚了解與外界分享機密和敏感資訊的結果。

理想做法：告知及提醒員工公司政策

特斯拉的資安團隊很明確告知員工電子郵件外流的風險，值得嘉許。那封流出的電子郵件指出，「有在留意新聞報導就不難得知，外界極為關注特斯拉的所有動態。由於我們的成就卓越，外界勢必會動用各種手段，持續窺探公司的內幕消息，等著看我們在發展的路上遭逢挫敗。有心人士可能會為了個人利益而積極挖掘獨家消息、透過人脈接觸特斯拉的員工，或經由 LinkedIn、Facebook 或 Twitter 等社群網路聯繫內部人員[63]。」

理想做法：確認所有人都明白個人行為的責任與後果

同一封外流的電子郵件中寫道：「這類不當交流不僅可能傷害公司，也可能構成違法事實，使你和同事／朋友陷入遭解職的危機，甚至吃上官司……捍衛公司內每天產生及傳遞的所有資訊和技術，是每位員工和股東的共同責任[63]。」

理想做法：積極防止潛在的危機發生

如果你不樂見媒體得手可能令公司難堪的消息或機密資訊，就別將這類消息轉傳給公司外的任何人，否則你就必須承擔隨之而來的後果。

個案64 晴天霹靂

危機導火線：閃電

類別：電腦

國家：美國

公司：微軟（Microsoft）

面對現實：人類與大自然之間毫無商量的餘地。無論是要發生什麼天災、什麼時候發生、嚴重程度，乃至會在哪裡發生，全都由不得人類決定。企業所能做的，就是盡可能採取多項措施，做好最糟的心理準備，戰戰兢兢地面對可能降臨的任何災害。企業需要迅速反應，儘快重回正軌，並將業務活動、例行營運、商譽和收益所受的影響降到最少。

危機概況：微軟的資料中心遭閃電影響而停止運作，服務全面停擺[64]。

作者點評：危機很少給人諷刺或幽默的感受，但此案例卻令人不禁會心一笑：微軟的「雲端」設施受「閃電」干擾而停擺。

理想做法：致歉

Azure DevOps 工程主管哈吉斯（Buck Hodges）在微軟自家的部落格中寫道：「首先，我想為（資料中心）服務停擺多時一事，向受影響區域乃至全球的客戶致歉。我們從未遇過類似的事件。這是近七年來，（資料中心）停機最久的一次。有些客戶的團隊因此損失一天或甚至更多的產能，我已透過 Twitter、電子郵件和電話與他們聯繫，說明情況。我們讓客戶失望了。這是一次沉痛的經驗，對此我深感抱歉[64]。」

理想做法：解釋事情經過

在同一篇部落格文章中，哈吉斯詳細說明了資料中心斷線的原因：「一開始在德州南部一帶，美國中南部（South Central US）資料中心附近刮起強烈風暴，釋放高強度能量、閃電頻仍，導致電壓驟降並波及整區機房，進而影響到冷卻系統。」此外，他也告訴讀者可從哪裡取得更多有關此次事件的相關資訊[64]。

理想做法：隨時更新消息

微軟公司在網路上發布事件的最新消息，例如：「搶修進度：工程師已成功恢復資料中心的電力。此外，受波及的網路裝置也已大多復原。儘管部分服務已有恢復正常的跡象，但目前我們仍在努力排除問題。」「下次更新：暫定於世界協調時間（UTC）下午八時發布，或視實際進度所需隨時調整發布時間[64]。」

理想做法：提出預防措施

哈吉斯在文章中總結，微軟已從此事件中深切檢討，後續將採行相關措施，防止再度發生類似的情況[64]。

個案 65 **我會騙你嗎？很明顯會**

危機導火線：說謊

類別：汽車業、製造業

國家：德國

公司：Volkswagen

面對現實：客戶與大眾的信任是所有組織極其重要的資產。一旦信任破裂，舉凡組織的形象、可信度、聲譽、收益都可能備受影響，甚至還得承受法律風險。

危機概況：Volkswagen 在數百萬輛柴油車上安裝了一套軟體，但該軟體提供的排氣數據並不正確。該公司光是在美國境內就必須召回五十萬輛車，在整個歐洲則有超過八百萬輛需要召回維修[65]。

作者點評：永遠都要保持謹慎，預設某處有人正在深入檢視貴公司的業務內容和營運方式。此例中，西維吉尼亞大學（West Virginia University）實驗室的一群科學家發現 Volkswagen 提供不實數據[65]。雖然該公司為此道歉，但更應立即說明其當下或日後所要執行的對策，除了解決眼前的問題，也要確保問題不再重演。

理想做法：掌握組織內部狀況

事情曝光後，這家汽車公司開始卸責，並決定找人頂罪。他們指稱工程師應對問題負起全責，整起事件與高層主管無關[65]。很顯然，Volkswagen 高層並不清楚自家公司的內部狀況，但這是他們的本分。危機的引信就此點燃。如果企業主管能確實掌握底下部門及團隊的運作情形，就能避免這類危機發生。

理想做法：勿推卸責任

Volkswagen 北美分公司執行長霍恩（Michael Horn）除了不清楚公司內部的工作概況，更未承擔應有的責任，反而指責他人，危機處理有如提油救火，使事態更加嚴重。他指稱，欺騙監管機構的決策「並非公司的決定，我認為這件事與公司無關。而且，就我今天得到的消息來看，這是幾名軟體工程師基於其他原因而擅自決定的做法[65]。」

理想做法：道歉

Volkswagen 在全美報紙刊登全版廣告，公開道歉。頭條標題寫著「我們正努力修正過錯」，底下繼續說道：「這幾個禮拜以來，2.0L VW 車款的排放數據引發了軒然大波，我們誠心對忠實客戶致上歉意。本公司正竭力規劃補救方案，請再給我們一點時間[65]。」

理想做法：設法彌補過錯

在同一則廣告中，Volkswagen 表示將贈送受影響車款的車主價值五百美元的 Visa 禮券，並提供五百美元的購車金以及為期三年的免費道路救援服務給新車主。廣告內文指出，「但願這些初步補償能展現我們解決問題的誠意，修補您對我們的信任[65]。」

個案 66

錯誤連結

危機導火線：假消息
類別：宗教、社群媒體
國家：美國
公司：YouTube
組織：天主教會

面對現實：危機溝通的基礎在於認清危機期間提供精確資訊的重要性，也就是正確交代事情的人、事、時、地、原因和方式。科技能輔助我們表達重要細節和背景資訊，但人為錯誤和對科技的仰賴，則可能導致假消息反客為主，甚囂塵上。

危機概況：報導那場差點徹底摧毀巴黎聖母院的大火時（詳見第 258 頁），有些新聞媒體連帶播放了九一一恐怖攻擊的 YouTube 影片，使觀眾誤以為這場祝融之災與恐怖攻擊有關[66]。

作者點評：大眾仰賴新聞媒體獲取正確資訊，尤其是發生突發狀況時，新聞媒體往往會是重要的消息來源。萬一媒體報導了錯誤資訊，應馬上更正、澄清，並解釋錯誤之處及原因。

理想做法：說明問題肇因和因應對策

YouTube向Fox News發出以下聲明，說明資訊混用一事：

> 聖母院的火勢仍在延燒，我們深感遺憾。去年，我們推出主題背景資訊面板（information panel）功能，在可能是假消息的影片主題或頁面中附上Encyclopedia Britannica和Wikipedia等第三方資訊來源的連結，供觀看者參考。這些面板是由演算法自動觸發，而系統有時難免出錯。目前，我們已從與這場大火相關的實況轉播頁面中撤掉這些資訊面板[66]。

理想做法：道歉

YouTube為演算法出錯公開道歉[66]。

個案67 品味盡失

危機導火線：激怒大眾

類別：時尚

國家：義大利

公司：Gucci

面對現實：創新和創意有助於企業保持競爭力，但要在嚴苛的市場中引領潮流，可別誤踩了消費者的地雷，尤其是你鎖定要銷售商品或服務的對象。

危機概況：Gucci 推出一款設計讓人聯想到「塗黑臉」的毛衣[67]。

作者點評：如同雅芳的例子一樣（詳見第 169 頁），Gucci 也應透過焦點團體訪談掌握現實概況，衡量市場對毛衣的反應。如果該公司在推出商品前實際徵求了市場意見，但因故無視，最後會演變成這番下場，其實並不意外。

理想做法：迅速應變

消費者群起抵制毛衣後，Gucci 隨即將商品從官網和實體店面的展示櫃下架[67]。

理想做法：道歉

精品時尚品牌發出以下聲明：「對於這款結合巴拉克拉瓦頭套（balaclava）特色的針織毛衣所引發的爭議，Gucci 深感抱歉。多元性是我們願意全力守護及尊重的重要價值，這無疑是我們所有決策的首要考量[67]。」

理想做法：提出日後的改進方針

該公司表示會設法「將此事件化為 Gucci 團隊與所有人的強效學習教材[67]。」

個案68

不得體

危機導火線：影像／照片

類別：政治人物

國家：美國

當事人：諾瑟姆（Ralph Northam）

面對現實：一張照片勝過千言萬語，但有時候，照片反而像是不恰當的文字，傳遞出謬誤的訊息。

危機概況：維吉尼亞州民主黨州長諾瑟姆在醫學院的畢業紀念冊中，於個人頁面上使用了一張種族歧視的照片[68]。

作者點評：表象可能虛假不實，不能盡信。

理想做法：別自打嘴巴

危機處理的第一步是釐清並確認事實。諾瑟姆顯然很確定，他就是大學畢業紀念冊中裝扮成黑人和三 K 黨的當事人之一，而對於自己出現在照片中，他也已公開道歉[68]。

這是一開始的發展。後來，他改口表示照片中的主角確定不是他本人。他在記者會中表示，「我堅信這張照片中的兩個人都不是我。我不在照片裡，那不是諾瑟姆[68]。」但這番言論已在社會上發酵。輿論要求他立即下台，不過他決定堅守崗位[68]。

理想做法：別讓自己越陷越深

諾瑟姆在記者會上說，他曾用鞋油塗黑自己的臉，在舞蹈比賽中模仿麥可·傑克森。這位州長貌似準備要模仿聞名全球的太空漫步舞步，但站在他身旁的夫人及時阻止了他[68]。

個案69 退回捐款

危機導火線：慈善公益

類別：博物館

國家：美國

組織：大都會藝術博物館、塞克勒基金會（Sackler Foundation）、賽克勒信託基金（Sackler Trust）

面對現實：如果非營利組織接受捐款的來源本身就有公關危機或其他問題，其名譽可能會連帶受到影響。

危機概況：紐約大都會藝術博物館表示，日後不再接受止痛藥廠家族的捐款，因為該家族捲入鴉片類藥物濫用風波[69]。

作者點評：博物館總算做了正確的決定，宣布將停止收受賽克勒家族的捐款。如果你想挽救局勢，建議當機立斷別拖延。

理想做法：在第一時間做出對的決策

大都會藝術博物館似乎不急著解決爭議。《紐約時報》指出，館方「拖了好幾個月才東施效顰，仿效倫敦泰特現代藝術館（Tate Modern）和紐約古根漢美術館（Solomon R. Guggenheim Museum）等其他博物館的決定[69]。」

理想做法：解釋決策內容

大都會藝術博物館館長韋斯（Daniel H. Weiss）表示：「館方感激並尊重所有支持者，但我們認為，有時還是有必要婉拒不符合大眾或本館利益的捐款，這是我們對此爭議的最終處置[69]。」

理想做法：從自身立場陳述事件

賽克勒家族發表聲明，指稱「儘管各界對我們的指控不實，有失公允，但如果大都會博物館繼續接受我們的捐款，必定會深陷艱困的處境，這點我們完全能夠理解。」

「我們不願意造成館方困擾，因此尊重他們的任何決定，」聲明如此寫道。「支持如此卓越的機構從事極具價值的工作，是我們一以貫之的目標，日後我們會繼續實踐這項理念[69]。」

個案70 看起來很眼熟

危機導火線：抄襲

類別：線上遊戲

國家：美國

公司：IGN

當事人：謬辛（Filip Miucin）

面對現實：對某些人來說，創意不是一件簡單的事。遇到需要提交全新、原創的內容時，有些人可能會決定鋌而走險剽竊他人的作品，佯裝成自己的創作。

危機概況：線上遊戲網站 IGN 耳聞各方指控，得知某編輯疑似抄襲電玩評論的內容後，決定將他開除[70]。

作者點評：IGN 反應迅速，很快就介入處理問題並公告周知。

理想做法：留意他人說法

IGN 電玩評論編輯斯特普爾頓（Dan Stapleton）在 Twitter 發文說道：「這幾天，不少人陸續指認（該名編輯的）評論與其他多篇文章及論壇留言有諸多相似之處[70]。」

理想做法：啟動調查

該電玩網站宣布會先檢查並刪除該編輯發表的所有內容，之後再決定後續的處置方式。另外，該網站也發布一則訊息：「本文章疑似與其他作者的評論雷同，系統已加以移除。本文章作者已不是 IGN 旗下員工[70]。」

理想做法：察覺異狀便立即處理

斯特普爾頓在 Twitter 上寫道：「不管是從討論串或我們的調查結果，我們都已掌握充分資訊，決議撤下（該編輯）所發表的幾乎所有內容[70]。」

理想做法：即刻道歉

將近一年後，涉嫌抄襲的編輯才發布兩支影片，為過去的不當行為道歉[70]。

個案71

黑漆漆

危機導火線：停電
類別：政府、公用事業
國家：美國
公司：Con Edison
當事人：白思豪（Bill de Blasio）

面對現實：大多人通常以為只要打開開關，燈泡就會亮起，而且在關燈之前，燈泡會一直亮著。然而一旦停電，再理所當然的日常都會隨即幻滅，為企業、組織和政府帶來麻煩。

危機概況：二〇一九年，紐約市停電，超過七萬人頓時陷入黑暗之中[71]。

作者點評：一旦危機發生在國內媒體最活躍的地區，所有人勢必緊盯你的一舉一動，關注你當下及日後的應變方式，並觀察你如何預防類似的事件再度發生。

理想做法：公開說明狀況

Con Edison 主動提供最新消息，呼應新聞媒體的停電報導[71]。

停電後，這家能源公司隨即發布以下聲明：「Con Edison 已著手處理此次大規模停電的緊急狀況，西曼哈頓一帶預估有四萬兩千七百人受到影響。一有最新消息，本公司會隨即公開說明。」「公司員工已著手搶修。Con Edison 建議停電區域的民眾關閉電源或拔除電子設備的插頭，以免電力恢復時可能導致設備損壞[71]。」

理想做法：持續更新資訊

Con Edison 持續發布停電狀態和後續處置的最新消息，履行其在聲明中給的承諾：「一有最新消息，本公司會隨即公開說明[71]。」

理想做法：親臨危機現場

危機發生時，紐約市長白思豪正在愛荷華州參加總統大選的造勢活動。他隔天馬上回到紐約，召開記者會說明停電事件[71]。

理想做法：找出問題癥結及發生原因

Con Edison 在官網貼出公告：「接下來這幾天到幾個禮拜期間，我們的工程師和規劃人員會仔細檢查與本次事件相關的資料和設備效能，並向管理機關和社會大眾說明調查結果[71]。」

理想做法：道歉

這家能源公司發布聲明，部分內容如下：「對於昨晚電力中斷一事，Con Edison 要向西曼哈頓地區的客戶表達誠摯的歉意[71]。」

理想做法：解說後續處置方式

「發生這類事件，我們會先找到故障的設備（或最有可能出問題的設備），緊接著為客戶恢復電力。正常供電後，我們會全面撤查問題根源，找出問題的源頭，」Con Edison 執行長麥克沃伊（John McAvoy）表示[71]。

個案 72 刪除內容

危機導火線：惡作劇

類別：消費產品、社群媒體

國家：美國

公司：寶僑（Procter & Gamble）、YouTube

面對現實：宣傳活動有助於提升產品的知名度，推升銷量。然而，要是有人拍下自己以危險或致命方式誤用產品的過程，並發布到網路上，原本能帶來獲利的宣傳就有可能變調，演變成公關危機。真實案例包括汰漬洗衣膠囊挑戰（Tide Pod challenge，即吞食洗衣膠囊）[72]和蒙眼挑戰（Bird Box challenge，即蒙眼從事各種活動，此挑戰因電影《蒙上你的眼》〔*Bird Box*〕而蔚為風潮）[72]。

危機概況：YouTube 宣布封鎖危險惡作劇的影片[72]。

作者點評：相信沒有任何一家（頭腦清醒的）企業願意背上推廣或美化危險特技或活動的「形象」。

理想做法：表達關切

汰漬洗衣膠囊製造商寶僑表示，「這波挑戰活動中，青少年蓄意不當使用洗衣球，等同於刻意自我傷害，我們對此表達深刻關切[72]。」

理想做法：切勿遲疑（一）

YouTube 非但未立即下架使用者上傳的危險影片，更表示影片上傳者有六十天的時間審視及刪除影片。通融期結束後，該平台便會全面禁止這類影片[72]。

理想做法：切勿遲疑（二）

將危險的惡作劇拍成影片上傳，這種情形早就時有所聞。YouTube 宣布更新版的管理規範時，並未明確點出這個由來已久的問題[72]。

理想做法：說明已採取哪些措施及原因

YouTube 在網站上發布以下公告：

高風險的挑戰和惡作劇：請謹記，有些網路內容鼓勵使用暴力或從事危險活動，可能造成嚴重的生理傷害、痛苦或死亡。這類內容皆違反了我們的有害或危險內容政策，因此我們有必要清楚說明我們對於危險挑戰和惡作劇的相關規範。

不少廣為流傳的挑戰和惡作劇都是源自 YouTube，雖然許多人競相模仿，但我們有必要確認這些惡趣味影片沒有超越底線，以免造成傷害或危險。我們已更新外部管理方針，明確禁止有可能伴隨嚴重風險或生命威脅的挑戰活動；此外，如果惡作劇讓當事人感覺可能受到嚴重的生理傷害，或導致兒童發生嚴重的情緒低落現象，我們也已明文禁止[72]。

個案73 **太好賺**

危機導火線：價格壟斷

類別：製藥業

國家：美國

公司：Teva Pharmaceuticals USA Inc.

面對現實：對企業而言，決定商品或服務的定價就像雙面刃。定價太高，消費者可能改為向其他公司購買；價格太低則可能壓縮獲利。不過還有第三種可能，就是所有競爭廠商統一定價，以相同價格販售同一商品，但這麼做只會引來負面關注。

危機概況：Teva（全球最大的學名藥廠）和其他藥廠疑似聯手干預藥品市場，拉高價格[73]。

作者點評：壟斷價格在美國是違法行為，遭指控的企業必須正視法律後果和公關危機，即刻回應相關的控訴。

理想做法：從自身立場陳述事件

雖然指控不等於鐵證，受牽連的企業有權陳述意見，但在法官或陪審團做出最終判決前，免不了曠日廢時，耗上幾個月甚至幾年都有可能。相較於此，名為輿論的「法庭」可能很快就會先得出結論，正因如此，企業向媒體和大眾「答辯」時，態度應該堅決篤定，使人信服，以免民眾心中產生任何懷疑。然而，Teva 似乎並非這樣處理。副總裁道格蒂（Kelly Dougherty）否認控訴內容，並發聲明表示，「新的投訴和其他所謂的訴訟都只是單方面的說詞。Teva 內部一向以此自我警惕，並未從事任何可能導致民事或刑事責任的行為[73]。」

個案 74　不公平的競爭優勢

危機導火線：哄抬價格

類別：製藥業

國家：美國

公司：Mylan

面對現實：要是企業除了賺更多錢之外，沒有其他明顯的理由就一味調高產品價格，不僅可能招來政府緊盯，還可能激起輿論沸騰。

危機概況：美國有將近四百萬人需要使用 Mylan 生產的艾筆腎上腺素注射筆（EpiPen auto-injector），以治療嚴重的過敏反應，但這家藥商涉嫌在幾年間將產品價格從一百美元提高到六百零八美元，因而飽受批評[74]。

作者點評：企業在研發、生產及行銷產品上往往耗費鉅資，但仍應謹慎處理定價或漲價的方式和時機，否則可能引來外界非議，指控企業罔顧消費者對產品的需求，反而占盡消費者便宜。如果犯了哄抬價格之類的錯，企業大可正視危機，果決改正問題，挽救名譽。被動防禦而無實際作為，對於面對或解決問題都無濟於事。

理想做法：從自身立場陳述事件

Mylan 執行長布蕾詩（Heather Bresch）告訴國會委員會，外界對公司的獲利情形「有所誤會」——扣除補助、費用、原料和其他經常性支出，實際利潤只有一百元。她指稱，使用該針劑的病患大多只負擔部分費用[74]。

布蕾詩表示，漲價是為了反映研發成本和其他開銷、產品經銷問題，以及美國健保制度的窘境[74]。

理想做法：預想哪些問題可能引發危機

「現在回頭看，我們早該預料到弱勢病患的人數會不斷增加，連帶引發的財政問題不僅規模非同小可，情況還會不斷加速惡化，到了最後，病患可能就不得不全額負擔藥價。」布蕾詩告訴委員會，「這從來不是我們的本意[74]。」

雖然這家公司表示「這從來不是我們的本意」，但不管他們多麼努力找理由脫身，哄抬價格就是哄抬價格。提出解釋前，務必先想想他人可能的回應。如果不預先規劃，可能反而會提油救火，讓自己和企業陷入更糟的處境

個案75 **保固中**

危機導火線：產品瑕疵

類別：家電、消費電子產品

國家：南韓

公司：三星

面對現實：沒有人完美無缺，產品顯然也一樣。產品是由人所製造，難免會有缺陷，不過消費者只會期望自己購買的產品穩定可靠，使用上安全無虞。企業必

須做好準備，以防產品無法滿足消費者期許時，能夠妥善因應。

危機概況：消費者回報，三星新推出的 Galaxy Note 7 智慧型手機起火，有些甚至還爆炸。這家南韓企業隨即停止生產這款手機，同時也回收售出的商品，緊急處理退款及換貨事宜。三星的股價因此下跌，市值蒸發數十億美元[75]。

作者點評：有時，幫消費者更換商品可能還不夠。新聞報導指出，即便已經換新，有些手機還是起火燃燒。最後，三星只好召回每一支 Note 7 智慧型手機，包括先前已更換的手機也全數回收[75]。

理想做法：迅速行動

報導指出，三星的新款手機在八月中推出後，隨即就傳出爆炸或起火的意外。完成調查後，該公司在九月首週就停止生產該款手機，並馬上宣布第一波召回。不久，該公司在十月中啟動了第二波回收計畫[75]。

即使是像三星這樣的大型企業，可能也沒有調查或處理危機所需的全部資源。三星應對合宜的地方，是與獨立團體（包括全球安全認證機構 Underwriters Laboratories）

共同調查手機起火原因[75]。

理想做法：危機也是轉機

該公司利用召回 Note 7 的機會，做為與購機者的溝通管道。三星北美區總裁貝克斯特（Tim Baxter）表示，三星傳送了兩千三百萬則訊息，向持有手機的消費者告知寄回瑕疵產品的重要。評測雜誌《消費者報告》（*Consumer Reports*）指出，「消費者插上電源幫手機充電時，手機會隨時顯示一則產品召回訊息。此外，三星也與合作夥伴共同發布韌體更新，降低手機的性能使手機無法正常運作，以促進產品回收[75]。」

理想做法：確保危機不再發生

三星實施品質控管計畫，透過八項品質保證要點確保當初引起手機爆炸或著火的問題不會再度發生[75]。

個案76 **警戒線**

危機導火線：抗議

類別：博物館

國家：以色列

組織：海法藝術博物館（Haifa Museum of Art）

面對現實：藝術家透過繪畫、雕塑和其他形式的作品表達想法。一般大眾難免不明白藝術家試圖傳達的觀點，但有時，大家可能知之甚詳，選擇大聲又清楚地表達訴求。

危機概況：以色列海法藝術博物館展出一件「麥當勞叔叔」被釘上十字架的雕塑作品，引發數百名教徒上街抗議[76]。

作者點評：你無法取悅所有人，尤其是藝術這件事。

理想做法：隨著事件發展適當回應

館方一開始拒絕撤掉雕塑，但隨著抗議加溫且開始出現暴力示威，館方最後才選擇讓步[76]。

理想做法：說明危機處理對策

海法市長宣布，市立博物館展出的那座雕像「將會儘快撤除並物歸原主[76]」。

理想做法：適度表達悔意與遺憾

市長表示，「看見海法市的基督教徒如此悲痛、身體受到傷害，甚至不惜暴力抗爭，我們深感遺憾[76]。」

理想做法：表達感激之情

「感謝海法地區的基督教會領袖和牧師願意對話及搭起溝通橋樑，以共同尋找解決之道，避免發生暴力衝突，」市長表示[76]。

理想做法：從更高格局看待危機

博物館告訴《以色列時報》（*Times of Israel*），館方譴責抗議期間出現的暴力行為。

「一場藝術交流不論多麼複雜，務必不可涉入暴力的領域，而且必須受到尊重——就算是情緒激動，也不能失去應有的分寸[76]，」館方表示。

個案77 **自導自演**

危機導火線：宣傳噱頭

類別：娛樂產業

國家：美國

當事人：傑西．史莫里特（Jussie Smollett）

面對現實：有些人和組織不惜代價，只為了博取大眾關注，但他們的所作所為和引起注目的方式，可能會為他們帶來無人樂見的惡名，可說得不償失。

危機概況：演員史莫里特報警說謊而遭到逮捕，警方指出他謊稱遭遇仇恨犯罪[77]。兩個月後，史莫里特受到的指控全數撤回[77]。

作者點評：名聲有好有壞。史莫里特謊稱在芝加哥的街道上遭到仇恨攻擊，引來芝加哥警察局長、公務員等各方人士抨擊[77]。

理想做法：從自身立場陳述事件

這事件鬧上法院後，史莫里特的律師發聲明表示，被告「擁有無罪推定的權利，尤其在調查過程中，不斷有真假參半的風聲外洩。在這種情況下，我們勢必得全面調查，積極捍衛當事人的權益[77]。」

理想做法：別遽下定論

史莫里特被捕後，20th Century Fox 和 Fox Entertainment 表示：「我們了解這件事的嚴重性，並尊重一切司法程序。目前我們正在評估狀況，考量各種可行的應變方案[77]。」

理想做法：表達關切

芝加哥警務參（superintendent）顯然相當憂心這事件對整座城市的影響。他告訴記者：「警方投入調查的心力不會有絲毫減損，但我擔心的是，往後民眾會不會抱持相當程度的懷疑態度來看待仇恨犯罪，使這類事件不再獲得應有的重視。我只能暗自希望，大眾也能以同等標準關注這件事的真相[77]。」

個案78 如果你想拿回檔案……

危機導火線：勒索軟體
類別：政府
國家：美國
組織：巴爾的摩市政府

面對現實：有心人士可濫用科技的力量，扣押企業電腦中的檔案和其他文件，再向對方勒索贖金，以此手段賺錢。就算真有辦法防範，也很難杜絕私有資料落入他人手中成為談判籌碼，而且一旦遭受勒索軟體攻擊，除了例行營運大受影響，想要從中恢復正常更是所費不貲，曠日廢時。

危機概況：駭客控制了巴爾的摩的數千部電腦，向市政府勒索相當於十萬美元的比特幣贖金[78]。

作者點評：巴爾的摩市府官員挺身對抗駭客，決定不付贖金[78]。

理想做法：解釋決策

巴爾的摩市長楊（Jack Young）在 Twitter 上解釋為何市政府決定不付贖金：

> 為何我們不乾脆付錢了事？我知道許多民眾主張直接支付贖金，或甚至不解為何市府選擇不付錢。
>
> 首先，特勤局和 FBI 皆建議不要買單。再者，付錢了事並非我們的行事風格。我們不向犯罪行為低頭。
>
> 如果我們付贖金，不保證對方就能／就會解鎖我們的系統。
>
> 我們沒辦法追蹤款項流向，甚至無法確認收款人的身分。對方要求以特定方式付款，因此我們無法確定他們是否還在電腦上暗藏其他勒索軟體，以便日後再次勒索。
>
> 最後，我們仍需實行所有必要措施，保障環境安全無虞。我相信，我們已採取最理想的因應之道[78]。

理想做法：說明危機對策

市長發言人戴維斯（Lester Davis）表示，「市府內部的相關團隊正與其他州和聯邦層級的專家合作，目前已有團隊專職處理此問題，全力恢復公務系統的正常運作

[78]。」

理想做法：通知適當主管機關

市府官員向 FBI 通報這起網路攻擊行動，由 FBI 深入調查[78]。

理想做法：儘早全力處理

巴爾的摩政府官員表示已切斷所有電腦的網路連線，但新聞報導指出，「當時語音信箱、電子郵件、違停罰單資料庫，以及水費、物業稅、交通罰單等項目的繳費系統，早已遭駭客癱瘓[78]。」

理想做法：解釋危機帶來的衝擊

市長指出，「沒有任何市民服務受到影響。民眾依然可以到拖吊場取車，選擇以現金或匯票付款，或是郵寄繳費。整座城市依然運作如常。我們以不同方式應變，巴爾的摩市民的日常生活並未受到影響。我們只是無法收發電子郵件，執行諸如此類的工作。一切照常運轉，除非民眾臨櫃洽公，由公務人員人工處理，否則不會發現任何異樣[78]。」

個案79

切換軌道

危機導火線：組織再造

類別：政府

國家：美國

公司：聯合太平洋鐵路（Union Pacific Railroad）

面對現實：企業想簡化營運、改善客戶服務及提高獲利時，經常會重新組織事業的運作方式，這麼做或許能有助於預防及化解問題，以免後續引發危機。

危機概況：聯合太平洋鐵路宣布縮減業務單位數量、合併子公司、指派新領導團隊，並推動其他營運變革[79]。

作者點評：聯合太平洋鐵路宣告推動內部重組是很正確的一步。

理想做法：解釋所採取的行動

該公司解釋合併子公司背後的道理。「整併子公司後，企業整體的貨運和物流服務都能更強健，員工組成也能具有更多元的專業能力，而這兩點優勢都能協助我們為客戶提供更優質的服務[79]。」

執行副總裁兼行銷長懷蒂（Beth Whited）指出，調整領導團隊能「更契合目標市場的團隊架構，更能提供客戶卓越的運輸服務[79]。」

理想做法：說明後續進展

「我們會持續尋找提升客戶體驗的方法，而在這項任務上，客服與支援團隊理當會扮演重要的角色，」懷蒂在公司官網上表示[79]。

個案80 離職下台

危機導火線：辭職

類別：餐廳

國家：美國

公司：Papa John's Pizza

當事人：約翰．施納特（John Schnatter）

面對現實：被迫處理迎面而來的緊急狀況（或者，也有可能是做了什麼才引發危急情況）之前，有些執行長、總裁等企業高層可能會主動提出辭呈。有時，他們會撐過即將到來的暴風雨，等到一切恢復平靜後——董事會把他們開除前——才離開。

儘管董事會可能樂見企業高層主動辭職，但他們決定離開，依然會使公司陷入尷尬的處境，同時也會製造領導真空，董事會必須迅速找到合適的人選替補才行。

危機概況：Papa John's 董事長施納特在視訊會議中使用了不恰當的種族歧視字眼，而在事件浮上檯面後，他決定主動辭職[80]。

作者點評：他在與行銷代理商的視訊會議中使用了種族歧視的字眼，可說極其諷刺。那場會議的目的，就是要輔導施納特（之前曾引起其他公關爭議）了解如何避免日後再次引發公關危機。施納特表示，他在會議中被迫說出不該說的話[80]。

理想做法：立即道歉

《富比士》報導施納特使用了歧視字眼，九小時後，施納特發表以下聲明：「媒體報導我在媒體素養訓練會議中使用涉及種族歧視、傷害他人的不當語言，這是事實。暫且不論報導的上下文，我願意為自己的不當言論道歉。簡言之，種族歧視不該發生在我們的社會[80]。」

理想做法：從自身立場陳述事件

施納特接受電台訪問時表示，他在視訊會議中受到刺激，才被迫說出有辱黑人的字眼。「（行銷）代理商不斷暗示那個字詞……他們咄咄逼人，使我心煩意亂，」他這麼說[80]。

理想做法：公開事情進展

該公司宣布，董事會已接受施納特的辭呈，「接下來幾週內」就會指派新董事長接掌職務[80]。

理想做法：行動應反映價值觀

「無論情況或背景為何，Papa John's 一概譴責種族歧視和所有冒犯他人的言語，」公司發言人向 CNBC 強調。「相互尊重和包容是本公司最根本的核心價值[80]。」

理想做法：捍衛名譽

施納特離職後，公司便著手去除標誌和行銷文案中與他有任何關連的元素和內容。多個組織（包括大聯盟和十幾支大聯盟球隊）紛紛終止與這家連鎖餐廳的贊助關係。路易維爾大學（University of Louisville）甚至宣布，學校足球場的名稱會拿掉施納特的姓名[80]。

還有另一名企業高層同樣使用了歧視黑人的字眼，詳情請參閱第 148 頁。

個案 81

到底是真是假？

危機導火線：謠言
類別：主題公園
國家：美國
公司：迪士尼

面對現實：面對毫無根據的謠言，任何組織想與主要受眾有效溝通，使受眾無視謠言，不啻是一大棘手任務。

危機概況：謠傳「迪士尼世界」打算取消佛州奧蘭多園區經典的「Tiki Room」卡通表演，促使園方出面駁斥[81]。

作者點評：除非有人成功破解和推翻，否則謠言可能無止盡地流傳與演變，衍生出其他問題，徒增組織的麻煩。

理想做法：澄清是非

迪士尼樂園內容編輯主管史密斯（Thomas Smith）在園區的部落格發表以下語調輕快且兼具幽默的闢謠聲明，獲新聞媒體報導引用：

> 有隻小鳥捎來消息，說外界謠言紛飛，對迪士尼世界度假區『Tiki』節目中眾多可愛的鳥朋友議論紛紛。由於不道德的有心人士散播謠言，導致我們的粉絲收到不實資訊，對此我們深感抱歉。
>
> 雖然有「大嘴鳥」在散播謠言，我們希望能透過迪士尼樂園的部落格傳遞真相。近期內，我們沒有解散鳥樂園的相關計畫。儘管演出內容不斷修改，但這些鳥朋友將會延續一九七一年至今的傳統，在神奇王國（Magic Kingdom Park，即奧蘭多迪士尼樂園）繼續為賓客創造歡樂回憶[81]。

個案82

隔牆有耳

危機導火線：祕密錄音

類別：線上購物

國家：美國

公司：Amazon

面對現實：你平時的私密對話內容可能沒有想像中那麼「私密」。最好是預設有人可以聽到你所說的話，更糟的是，內容還可能被錄下來與其他人分享。

危機概況：彭博社報導，Amazon 在全球有幾千名員工負責聆聽消費者使用 Alexa 智慧型喇叭的情形，並將錄製的語音內容謄寫成逐字稿。這家網路購物公司表示，他們會參考錄音內容改善 Alexa 的運作方式[82]。

作者點評：企業設法改善自家產品和服務無可厚非，但應謹守研究倫理，千萬別侵犯顧客的隱私，窺探消費的機密資訊。

理想做法：從自身立場陳述事件

Amazon 告訴彭博社，「我們相當重視個人資料的安全和隱私。我們只從 Alexa 語音檔中擷取極少數樣本予以註記，以此為基礎來提升顧客的使用體驗。這類資訊可協助我們訓練語音辨識和自然語言理解系統，使 Alexa 能更了解使用者下的指令，為所有人提供滿意的服務[82]。」

理想做法：說明有哪些防範措施

Amazon 向彭博社表示，他們實行嚴格的防範措施，對於任何濫用行為絕不寬貸，而且員工沒辦法從語音資料中識別任何使用者的身分[82]。

個案83 大地雷

危機導火線：性侵／性虐待／性騷擾

類別：新聞機構

國家：美國

公司：CBS

當事人：萊斯利・孟維斯（Leslie Moonves）

面對現實：如果企業的領導者或員工涉及帶有威脅意味、可能造成傷害或令人畏懼的性行為，勢必會為企業帶來棘手挑戰及問題。企業處理這類非法行徑的方式，則可能促成（或有助於防止）危機發生。

危機概況：越來越多女性控告 CBS 董事長孟維斯性侵及行為不檢點，而公司在深入調查後宣布開除孟維斯[83]。

作者點評：釐清真相後，如果已取得滿意的調查結果，就應儘速處理問題。等待越久，越有可能承受輿論壓力。

理想做法：公開所採取的應對之道

CBS 開除疑似性騷擾及性侵女性的孟維斯，並拒絕支付一．二億的資遣費[83]。

理想做法：尋求援助

路透社報導指出，「董事會委託兩家法律事務所 Debevoise & Plimpton 與 Covington 深入調查孟維斯的個人行為及 CBS 內部文化，董事會過目及討論調查結果後，才做出開除孟維斯的決策[83]。」

理想做法：說明決策及原因

CBS 董事會表示，「基於多項事由，我們認為公司有充分理由終止合約，包括他蓄意嚴重瀆職、違反公司政策與聘僱契約條款，而且不願全力配合公司調查[83]。」

理想做法：從自身立場陳述事件

孟維斯否認所有不當行為，指稱所有性關係都是在雙方合意的情況下發生。

孟維斯的律師萊凡德（Andrew Levander）在聲明中表示，「孟維斯先生強烈否認曾脅迫任何人發生性關係，並全力配合檢察官深入調查」；此外也補充說道，CBS

董事會「早已驟下論斷，毫無法律依據[83]。」

理想做法：做對的事

與其支付孟維斯一・二億的天價資遣費，CBS轉而將其中的兩千萬捐給致力消除職場性騷擾的相關團體[83]。

個案84 臨界點

危機導火線：資源短缺

類別：房地產、公會

國家：美國

組織：加州房地產經紀人協會（California Association of REALTORS®）

當事人：葛文・紐森（Gavin Newsom）

面對現實：有些資源短缺問題相對嚴重，亟需正視。例如，市場上可供租買的房屋不足，可能對個人、公司、組織和產業造成嚴重後果。加州的「房荒」危機尤其嚴峻，在全美五十州的單一居民現有住宅單位評比中，加州名列第四十九名，幾乎要敬陪末座[84]。

危機概況：加州州長紐森登高一呼，號召在六年內興建三百五十萬間住宅[84]。

作者點評：房地產經紀人協會（CAR）是加州最大的公會，該機構透過適當手段協助政府在加州建造更多住宅[84]。

理想做法：發現問題便動手處理

CAR以其倡議角色成立非營利組織 Californians for Homeownership，協助實施平價住宅相關法規及提高加州的住宅供應量[84]，此外也成立加州房地產中心（Center for California Real Estate），期能影響立法機關，促進輿論對居住相關議題的討論[84]。

理想做法：針對危機提倡具體解決方案

CAR督促有關當局通過多項立法，協助加速興建更多住宅。這些措施能增加主要交通樞紐和就業區域內及附近的住宅和大樓建案；地方政府若未達建案數量標準，就不移撥油氣稅收，以此督促政府扛起應有責任；發行公債為屋主提供貸款，促進興建附加的住宅單位，增加房屋供應；成立州立住宅經紀機構，監督加州所有與住宅相關的計畫和活動；創立住宅危機意識計畫，透過核發專業牌照創造收入，進而在加州各地推動平價住宅興建計畫[84]。

理想做法：眼見危機未改善就發出警訊

CAR會長馬丁（Jared Martin）警告：「加州相當於走到了臨界點，缺房危機的威脅有可能永久阻礙全州的經濟成長。加州各界的領導者該勇敢採取行動，支持立法，以具體方案解決房屋短缺的問題，同時也回應今年稍早州長『興建所有人都住得起的住宅』的呼籲。」此外馬丁也表示，要是無法通過協會所支持的法案，將會「有越來越多加州人因為住宅成本過高而無房可住，使加州未來的經濟陷入泥淖[84]」。

理想做法：願與他人合作化解危機

馬丁指出，協會「隨時願意與州長紐森、州議會，以及二〇一九年會期的重要人士合作，攜手推動創新的解決方案，確保所有加州人民都能實現擁有房子的美國夢[84]。」

個案85 **真相大白**

危機導火線：不為人知的祕密
類別：教育界
國家：美國
組織：喬治城大學（Georgetown University）

面對現實：人難免會有一些往事不願公開，無可厚非。相較之下，企業隱藏某些與過去相關的資訊不願曝光，這樣的案例就相當罕見。真相遲早會浮上檯面，不管是知名人物或組織，都勢必得正面處理這類事務。

危機概況：喬治城大學坦承，校方曾在一八三八年販賣上百名奴隸，以此籌錢償付債務[85]。

作者點評：喬治城大學不能再無視或隱瞞不堪的過往事蹟。這所高等教育學府處理危機的方式，會是其他組織面臨黑歷史曝光時的重要借鏡。

理想做法：道歉

由學生和教職人員組成的工作小組揭露一份一〇四頁的報告後，校方正式向當年那兩百七十二名奴隸的後代家屬道歉。

「（我們）罪惡深重，那罪惡出於我們的思想、我們的言語、我們的行為，乃至我們的無能為力，」加拿大與美國耶穌會（Jesuit Conference of Canada and the United States）會長凱西奇（Tim Kesicki）牧師表示。「我們深感歉疚。是我們奴役及占有他人生命的觀念，導致了兩百七十二名男性、女性和兒童的人口販賣悲劇，深切的愧咎感至今未有一絲消散。這歷史真相始終如影隨形，我們只能乞求寬容。當公平正義得以伸張，希望始能降臨，療癒所有生命[85]。」

理想做法：拉高格局看待危機

喬治城大學校長德吉奧亞（John J. DeGioia）表示，「蓄奴是國家的歷史共業，這項罪惡不知拆散了多少家庭，而本校很遺憾地正是共謀之一。蓄奴是仰賴嚴重暴力，否決及踐踏了國內同胞的尊嚴和人性。本校公開這段不堪的歷史，自主檢討，以沉重的心情鄭重道歉[85]。」

理想做法：做對的事

校內有兩棟建築以賣奴的前校長為名，事後，校方決議重新命名這兩棟建築[85]。

個案86

別找藉口

危機導火線：驚喜（不好的那種）

類別：糖果

國家：美國

公司：Hershey

面對現實：驚喜有好有壞。負面的驚喜可能為企業和組織帶來麻煩。

危機概況：烘焙師傅客訴 Hershey Kisses 水滴巧克力少了尖角造型[86]。

作者點評：事情發生後，顧客往往會期望（更多時候是要求）企業和組織立即向他們解釋問題所在。企業延誤宣布及解釋只會讓情勢惡化，並且有可能激怒購買或平時需仰賴其產品或服務的顧客，引發眾怒。

理想做法：陳述事實

Hershey 起先透過 Facebook 澄清，指稱他們「生產時就刻意折斷美國 Hershey 水滴巧克力上經典的尖角造型，以免在運送過程中損毀。」一位烘焙師傅不接受這種說法，直指「這沒道理[86]」。

理想做法：讓外界知道你已著手處理問題

Hershey 小編在 Facebook 上回覆各州烘焙師傅的抱怨留言，告知公司已著手了解情況[86]。

理想做法：說明事情經過

Hershey 沒有採取理想的處置方式，未在第一時間說明實際情況及發生的原因，且官方一開始對問題的公開回應似乎也未獲得所有人認同。這家糖果公司將巧克力造型損壞一事詮釋成崇尚多元性。他們發布一篇社群媒體貼文展示不同樣貌的巧克力，其中部分巧克力缺了尖角，而文案寫道：「擁抱差異共度佳節，獻上溫暖心意[86]。」公司未能迅速說明實際狀況，激怒了部分顧客。「國內的烘焙師傅想聽『真正的』

答案：發生了什麼事、為何發生這種情況、企業打算實行哪些『確切』對策，以及問題預計何時能夠解決，」一名平時喜歡烘焙的顧客在 Facebook 上寫道[86]。

理想做法：說明最新狀況

這家糖果公司隨後發布最新消息：「佳節期間收到喜愛水滴巧克力的顧客反映，公司營運團隊隨即仔細檢查製作過程的所有環節，並悉心調整形塑尖角的生產流程，」Hershey 企業溝通主管貝克曼（Jeff Beckman）在聲明中表示。「水滴巧克力會繼續保有商標上的經典尖角造型[86]。」

雖然貝克曼並未解釋問題成因，但他的確提到「生產設備需要調整[86]」。

個案 87 「別人」繳多少

危機導火線：稅賦

類別：網路購物

國家：美國

公司：Amazon

面對現實：沒人喜歡繳稅，企業和組織也一樣。

危機概況：不少大企業在二〇一八年未繳任何聯邦稅，Amazon 就是其中之一。新聞一揭露這個消息，包括政治人物在內，各方無不大力抨擊這家公司[87]。

作者點評：企業設法逃漏稅或許能討好投資人和股東，但可能激起民怨，引來輿論撻伐。

理想做法：從自身立場陳述事件

Amazon 在聲明中表示，公司「照美國規定繳了所有稅款，在所有營運的國家也都誠實納稅，過去三年共繳了二十六億美元公司稅，並申報三十四億美元稅費[87]。」Amazon 告訴路透社，「低稅的主要原因包括發給員工的配股、共和黨二〇一七年實行的減稅政策、以往虧損年度的損益結轉，以及大型研發投資的稅收抵免[87]。」

理想做法：從整體脈絡看待問題

「該繳的每一分錢，我們皆已誠實繳納，」Amazon 進一步補充，「國會研議了相關稅法，鼓勵企業再投資以促進美國經濟，我們也照做了[87]。」

Amazon 指出，公司自二〇一一年起已投資兩千億美元，在國內創造了三十萬個就業機會[87]。

個案88 **恐懼與厭惡**

危機導火線：恐怖攻擊

類別：政府、飯店

國家：斯里蘭卡

組織：斯里蘭卡國安單位

公司：Mandarina Colombo、Onyx Hospitality Group

面對現實：恐怖攻擊旨在製造恐懼和混亂，藉此宣告立場、傳達訊息，或達成政治目的或其他目標。因應恐怖攻擊做好準備，已然成為政府機關的重點要務，對企業和組織也是一大課題。

危機概況：歷經幾次恐怖份子對教堂和飯店發動攻擊，奪走數百條性命之後，賓客取消飯店住宿的情形大幅增加，斯里蘭卡的觀光產業重挫[88]。

作者點評：雖然恐怖攻擊並非新聞，但每起事件往往都會躍上多國新聞媒體的頭版。企業和組織必須提前做好準備，以防受恐怖攻擊所影響。

理想做法：注意危機警訊

事件落幕後幾天，某家媒體報導指出，斯里蘭卡政府官員忽視恐怖攻擊的初期警訊，才導致悲劇發生。根據《紐約時報》報導，斯里蘭卡國安單位長期監控國內的激進團體，事發之後，政府證實攻擊事件正是該團體所為，而且很可能有海外勢力暗中援助[88]。

理想做法：發布警示

Mandarina Colombo 飯店警告，「賓客必須提高警覺，入住期間勢必得接受多次安檢[88]。」

美國針對斯里蘭卡發布旅遊警示，「恐怖組織持續密謀在斯里蘭卡發動攻擊。恐怖份子可能會在毫無預警的情況下，鎖定觀光景點、交通樞紐、市集／商場、地方公有設施、飯店、俱樂部、餐廳、宗教場所、公園、大型運動和文藝活動、教育機構、機場和其他公共區域發動攻擊[88]。」

理想做法：公開說明應對辦法

Onyx 連鎖飯店表示：「建議所有打算前往該國旅遊的賓客參考政府最新的旅遊警示資訊[88]。」

美國大使館鼓勵美國公民註冊加入「智慧旅客登錄計畫」（Smart Traveler Enrollment Program），以接收旅遊安全警示快訊[88]。

個案89 主席先生……

危機導火線：國會／政府機關聽證會

類別：銀行

國家：美國

公司：花旗集團（Citigroup）、摩根大通（JPMorgan Chase）、美國銀行、摩根士丹利（Morgan Stanley）、高盛集團（Goldman Sachs）、道富集團（State Street）、紐約梅隆銀行（Bank of New York Mellon）

面對現實：只要備受矚目的大型組織與公共政策議題有關，負責人都可能受邀（或遭傳喚）出席國會聽證會，在委員會上作證。這些公司的執行長、總裁和其他高層主管可能需要親赴委員會，針對公司的行動（或不採取作為的決定）、政策、程序和決策提出解釋或辯護。

危機概況：美國好幾家大型金融機構的執行長出席國會聽證會，向委員會說明自二〇〇七年金融危機以來所推行的財務改革[89]。

作者點評：不少國會聽證會飽受爭議，且具有高度政治色彩，加上銀行業也有其爭議之處，如果這些銀行高層未意識及預料到自身的處境必定無比艱難，我會覺得不可思議。

理想做法：從自身立場陳述事件

各銀行代表告訴委員會，自從金融危機以來，銀行的營運狀況已大幅改善，而部分原因要歸功於時任總統歐巴馬所倡導的財務改革。

《國會山莊報》（*The Hill*）報導，「花旗集團董事長兼執行長柯貝特（Michael Corbat）認為金融危機對全國和花旗都是『一場煎熬』，當時該集團擁有一・九兆資產[89]。」柯貝特在聽證會上指稱：「這次經驗也讓我們下定決心，以後不再落入這般處境。我們體認到，重新建立信任感比重整資產負債表困難多了[89]。」

摩根士丹利執行長高曼（James P. Gorman）深有同感。「我們比金融危機爆發前基礎更穩、體質更好，而且更具韌性，」他說。

理想做法：做好迎接艱澀問題的準備

國會聽證會等類似場合極具政治意涵，且通常會引發爭議。在此例所指的聽證會上，銀行高層被迫回答一連串艱難的問題，涉及的主題包括多元性、透支費、法規鬆綁，甚至銀行是否曾因奴隸制而受益[89]。

個案 90

從風聲中洞悉危機

危機導火線：威脅

類別：教育界

國家：美國

組織：科羅拉多州公立學校

面對現實：世上的危險何其多，如果忽視各種威脅，難保不會引發安全危機。有鑑於生命可能蒙受風險，組織必須採取適當的保護措施，以免組織本身受到威脅，使僱用、代表或理應保護的人員遭受波及。

危機概況：科倫拜高中（Columbine High School）槍擊事件二十週年前夕，傳言有名青少女崇拜當年屠殺的槍手，引發政府單位憂心，緊急通知科羅拉多州數百間學校關閉，以防憾事重演[90]。

作者點評：我們永遠不會知道下一個威脅會從何而來、何時發生。科羅拉多州各校對可能的危險相當警覺，採取了適當的應變措施。

理想做法：注意潛在危機的危險訊號

《華盛頓郵報》報導，隨著時間接近事發當日，傑佛森郡（Jefferson County）公立學校校區的校方職員發現，威脅意味濃厚的電子郵件和手機簡訊越來越多[90]。

理想做法：適時發布危機警報

執法機關對外發布警報，警示各方留意嫌疑女子的心理狀況，而且她持有槍械，極度危險。隨後各校紛紛提高警戒，關閉出入通道[90]。事後，女子遭人發現早已舉槍自盡，氣絕身亡[90]。

個案 91
暗中動手腳

危機導火線：缺乏透明化
類別：消費電子產品
國家：美國
公司：Apple

面對現實：如同本章他處所指出，企業就跟人一樣可能說謊、造假，並試圖掩蓋過錯。產品或服務發生問題時，企業有時並未誠實陳述事件全貌，等到真相大白之際，企業的形象、商譽和信用早已嚴重受損。

危機概況：新聞披露 Apple 曾蓄意調降某些舊款 iPhone 的運作效能，以達到延長電池續航力的效果。對此，這家科技公司坦承的確做了調整。

作者點評：缺乏透明化有害無益，無助於建立信任及累積信用，無法促進與客戶或一般大眾的良好關係。

理想做法：別拖延

確定吃上官司後，Apple 才公開致歉，並為持有特定舊款 iPhone 的消費者提供電池更換折扣[91]。

理想做法：別隱瞞事實

《今日美國》（*USA Today*）報導，Apple 在聲明中「證實了許多使用者懷疑但無法確認的問題，那就是 iPhone 的效能似乎會隨時間越來越慢。官方所給的說法前所未聞：與其說是機型老舊，不如說是刻意調整的結果。這是為了避免電力耗盡，調整軟體後產生的副作用[91]。」

理想做法：從自身立場陳述事件

Apple 在官網上發布一篇文章說明電池問題，篇幅頗長。文章開宗明義指出：

> iPhone 的設計旨在提供簡單好上手的使用體驗。唯有結合先進技術和精湛工藝，才有可能實現此一目標。其中，電池和效能不啻是重要的技術領域。電池涉及複雜的技術，多項變數都可能影響電力表現與 iPhone 運作效能。所有充電電池都是消耗品，使用壽命有限——電量和效能遲早會衰退，電池終究需要更換。隨著電池老化，

iPhone 的運作效能也會有所改變。敬請參閱本文，進一步了解相關詳細資訊 91。

理想做法：道歉

Apple 在官網上公開致歉：「我們明白有些消費者對 Apple 感到失望，對此，我們要獻上誠摯的歉意 91。

個案 92 積極作為

危機導火線：垃圾／廢棄物

類別：政府

國家：中國

組織：中國當局

面對現實：有些國家不直接處理國內製造的垃圾，而是將垃圾送到海外，交由其他國家掩埋或回收。問題在於，其他國家願意接手處理的垃圾量有其上限。

危機概況：中國宣布啟動上百座全新的回收中心，並擴大禁止進口他國廢棄物[92]。

作者點評：中國終止進口海外廢棄物，主動限制龐大的垃圾處理量，踏出正確的一步。

理想做法：界定問題

「數量龐大的固體廢棄物已影響工業經濟的發展，限制了發展應有的品質，」中國的工業和信息化部在一份政策文件中寫道[92]。

理想做法：具體說明問題解決之道

中國指稱，五十座全新的「綜合利用」設施將能處理為數龐大的固體廢棄物，另外五十座則能處理金屬冶煉、採礦、營建、農業和林業等產業的工業廢棄物[92]。

理想做法：宣布解決方案

中國表示會建立回收中心，並停止從他國進口垃圾，以因應日漸沉重的垃圾處理和廢棄物掩埋問題[92]。

理想做法：排列優先順序

中國指出，回收中心將全力處理對大眾影響最甚的垃圾種類，例如電池、商品包裝和太陽能板[92]。

理想做法：設定目標

中國直指希望能在隔年全面禁止所有固體廢棄物的進口作業[92]。

個案 93

揶揄反諷

危機導火線：推文

類別：娛樂圈與從業人員

國家：美國

公司：ABC

當事人：羅斯安妮・芭爾（Roseanne Barr）

面對現實：每次要在社群平台（或其他地方）發表內容時，都應先想想文字可能產生的影響，再與全世界分享個人的「智慧箴言」。若是高知名度的人物在思慮不周的情況下貿然發表個人「高見」，引發的迴響和結果可能會使個人名聲和事業毀於一旦。

危機概況：喜劇演員芭爾在 Twitter 上發了好幾則種族歧視的推文，於是 ABC 將她從自家的情境喜劇節目開除[93]。

作者點評：沒 Twitter 就活不下去的人，最後可能就栽在 Twitter 上——或至少形象、名聲和信用嚴重受損。即使刪除在網路上發表的不當言論，可能還是無法抹滅對他人造成的傷害。

理想做法：道歉

芭爾在 Twitter 上公開道歉，文中寫道：「我很後悔昨天深夜在 Twitter 上發布了那樣的內容。我打從內心深處感到無比歉疚，但願能獲得你們原諒[93]。」

理想做法：別推卸責任

這名喜劇演員後來宣稱，她是在「服用了安眠藥（Ambien）後發文」，據她所說，安眠藥是她發布種族歧視推文的主因[93]。

如要知道生產 Ambien 的藥廠如何回應芭爾的脫罪說詞，請參閱第 287 頁。

理想做法：清楚說明行為動機

ABC娛樂事業體總裁鄧吉（Channing Dungey）宣布取消原定節目，並表示：「芭爾在Twitter上發表的言論背離我們的價值觀，令人無法苟同[93]。」

理想做法：表達支持立場

迪士尼（ABC母公司）執行長艾格（Bob Iger）表示，「這是此時唯一要做的事，相信這會是正確的決定[93]。」

個案94 貌同實異

危機導火線：錯字

類別：廣告、政府、政治人物

國家：南菲

組織：非洲民族議會（African National Congress）

面對現實：有些排版錯誤無傷大雅，可能好一陣子才有人發現；但有些錯誤非同小可，馬上成為眾所注目的焦點。

危機概況：非洲民族議會（ANC）二〇一九年大選的看板上，原本應該是「全南非攜手成長，一同向上」（Let's Grow South Africa Together）的斗大標語，因為漏了兩個字母，而變成「全南非攜手成長，幫她（穿衣）保暖」（Let's Grow South Africa Togher），而一旁的照片則是隸屬 ANC 的南非總統拉馬福薩（Cyril Ramaphosa），令人莞爾[94]。

作者點評：人非聖賢，孰能無過。

理想做法：一察覺問題馬上處理

ANC 表示會即刻撤下看板[94]。

理想做法：從全局的視角看待問題

ANC 為這起烏龍事件滅火，表示製作過程中發生了點人為錯誤，不過這個小錯無傷大雅，不會對政黨造成影響[94]。

理想做法：勿重蹈覆轍

針對看板錯字一事，ANC發表以下聲明，但諷刺的是，聲明中也出現錯誤。「ANC委請服務供應商架設自己的看板，事後發現看板上出現錯字。我們已向服務商表達關切。」ANC「不允許服務商的人為錯誤讓選舉失焦」，而且「我們會持續努力，延續一貫的積極態度與作為，大力協助ANC針取（原文照登）選民支持，共同迎向大選結果[94]。」

個案95

瞬間成了過街老鼠

危機導火線：影片瘋傳

類別：航空公司

國家：美國

公司：聯合航空（United Airlines）

面對現實：對企業而言，能有一部影片獲網友喜愛而大肆轉傳，等於創造了價值上百萬的免費宣傳機會，求之不得。然而如果是負面影片，企業的壞消息將快速傳到全世界上百萬人眼前，形成公關危機。

危機概況：一部全球瘋傳的影片中，航警將一名聯合航空的乘客拉離座位，在走道上拖行，旅客則無意識，而且臉上流著血。起初航空公司隨意編造了藉口就想解釋所發生的一切，但最終還是得為這場公關災難公開道歉[95]。

作者點評：不管是否認顯而易見的事實，還是低估事態的嚴重程度，都必定會使危機惡化。聯合航空顯然選擇了後者，導致爭議越演越烈，最終不得不面對問題，平息輿論。

理想做法：別讓情況更加惡化

為了在當天的末班機上騰出四個座位給公司員工，聯合航空挑選了四位乘客，將他們從該趟航程中除名，強迫其讓位。第四名乘客表明拒絕下機之後，航警強制將他拉離座位。《富比士》報導描述，「航警將失去意識、嘴巴流血的他一路沿著走道拖下飛機。其他旅客拿起手機錄下了這一幕，影片——以及航空公司的惡行惡狀——在網路上迅速散播開來[95]。」

理想做法：取消可能釀成危機的公司政策

如果聯合航空仔細思考過「假設情況」，預先設想付錢買票的旅客拒絕放棄座位時該如何應變，就能避免這場危機。在這種狀況下，航空公司理當要先自問：情況最糟會是怎樣？事後回頭看，這起危機雖然難免，但也並非完全無法避免。

理想做法：勿低估情勢或檢討受害者

聯合航空執行長穆諾斯（Oscar Munoz）形容這整件事只是要「重新安排乘客座位」，並宣稱該乘客「破壞客艙秩序」及「態度逞兇好鬥」[95]。

理想做法：釐清事實

航空公司隨後表示，內部會對這起事件展開調查[95]。

理想做法：儘速道歉

我認為穆諾斯拖了太久才為這個事件道歉。不過，他終究做了正確的決定，以較能平息眾怒的態度表示，「對於所發生的一切，我始終無法擺脫心中的疙瘩。我要對那位被強拉離場的旅客以及在場的所有乘客表達誠摯的歉意。沒人應該遭受如此粗暴的對待[95]。」

理想做法：道歉不嫌多

聯合航空另外發了聲明，再度道歉。「這個令人遺憾的臨時狀況給我們上了嚴厲的一課，日後我們會立即採取具體行動，妥善處理，」航空公司表示。「我們向客戶和員工承諾，我們會改進不合理的措施，往後絕不再發生這類事件[95]。」

個案96

滴答滴答

危機導火線：拖延處置

類別：嬰兒家具

國家：美國

公司：費雪（Fisher-Price）

面對現實：

消費者購入的產品發生問題時，製造商通常會請消費者將產品送回原廠維修，或直接辦理退款。不過，有些公司會在第一時間坦承發生危機，以更理想的方式處理這類狀況。

危機概況：幾十起嬰兒死亡案例的死因一致指向費雪的Rock'n Play搖床。對此，消費者產品安全委員會（Consumer Product Safety Commission）呼籲停止使用，費雪則召回將近五百萬組商品[96]。

作者點評：外界發現產品隱含風險或危險時，若企業未能快速地有效回應，形象和商譽就可能因此受損。

理想做法：迅速排解危機

嬰兒死亡的首起案例發生於二〇〇九年，而死因據報與費雪的產品有關。然而直到十年後，費雪才宣布召回產品。在這之前，早有超過三十名嬰兒喪命[96]。

消費者權益倡議團體並不領情，反而批評該公司拖延太久才召回這項危險商品。與其主動回收產品，該公司將責任推給聯邦政府機關，且如一家新聞媒體所述，認為是因為「政府發布的警告模糊其辭，未引起太多注意[96]。」

理想做法：從自身立場陳述事件

費雪公司總經理史考頓（Chuck Scoton）在發布的影片中表示：

本公司持續為所有產品的使用安全把關，然而，有鑑於多起事故肇因於未依安全警示和操作說明使用產品，我們與消費者產品安全委員會商議後，認為主動召回產品才是最理想的處理對策。

消費者應停止使用 Rock 'n Play 嬰兒搖床，立即聯絡費雪公司，辦理退款或商品折扣事宜……

藉由上述措施，我們希望全球各地的父母都能明白，產品安全始終是本公司奉守的核心價值。我們會全力把關，只要嬰兒和幼童使用本公司的產品，其健康、安全與福祉未來仍是我們努力的首要之務[96]。

個案 97 立紅旗

危機導火線：警告

類別：政府

國家：美國

組織：美國眾議院

當事人：亞當・希夫（Adam Schiff）

面對現實：變造影片（一般稱為深偽〔deepfake〕影片）能置換主角臉孔，將影片中的言行直接移植到當事人身上，以假亂真。從美國眾議院議長裴洛西貌似喝醉而說話遲緩、前總統歐巴馬踹門，乃至祖克伯談論 Facebook 蓄意控制資料，縱使這些影片看似真實，但都是有心人士精心偽造的產物[97]。

危機概況：專家和政治人物在一場國會聽證會中警告，這類造假影片必定成為社會的亂源並造成危險[97]。

作者點評：新技術除了帶來好處，往往也伴隨著缺點。如果專家能針對這類危險發出警告，企業也能採取相關的因應對策，就有可能防範新型態的危機爆發。

理想做法：察覺問題便馬上發出警訊

身兼眾議院情報委員會（House Intelligerce Committee）主席的議員希夫在國會聽證會上指出，「社群媒體平台必須即刻制定因應政策，保護使用者免受這類假消息侵擾。」他警告，企業不應等閒視之，袖手旁觀，一旦「深偽影片猖獗，對二〇二〇年的大選帶來負面影響，一切就太晚了[97]。」

理想做法：竭盡所能處理問題（一）

Instagram 表示：「我們會以看待假消息的同等標準來處理這類內容。如果第三方事實查核單位判定影片屬於造假內容，我們就會從『探索』或主題標籤頁面等推薦介面中直接移除影片[97]。」

理想做法：竭盡所能處理問題（二）

Facebook 表示已針對使用者在社群平台上發布變造影片的情況，著手研議相關的管理政策[97]。

理想做法：竭盡所能處理問題（三）

研究人員已研發出偵測技術，能識別經變造或修改的假影片[97]。

個案98 揭發真相

危機導火線：檢舉內部弊端

類別：航空公司

國家：美國

公司：美國航空（American Airlines）、西南航空（Southwest Airlines）

面對現實：對企業不當行為的控訴時常源自企業外部，而控訴的形式包括政府調查、官司和客訴。不過，企業內部出現異議的情形並不罕見，亦即吹哨者主動揭露他們認為不當或違法的做法或政策。一旦出現這類情形，控訴方（以及被控訴方）都將備受矚目。

危機概況：美國航空和西南航空的飛機技師指稱，他們在公司施壓下被迫忽視重要的安全問題[98]。

作者點評：不論是組織內部或外部人員，都能輕易引發危機。如果員工想揭發公司的不當作為或有疑慮的實務做法和行為，吹哨者保護法能給予他們重要保障。

理想做法：從自身立場陳述事件（一）

技師告訴 CBS News，飛機必須執勤載客，航空公司才能賺錢，因此他們承受了進退兩難的壓力[98]。

理想做法：從自身立場陳述事件（二）

西南航空對 CBS News 表示：

> 公司願意全力確保乘客和員工的安全。我們不斷努力建立及營造安全文化，主動辨識及管理營運和職場上的各種風險。
>
> 我們的機隊有多達七百五十架飛機，每天有四千個航班需要營運，我們的要求嚴格，管理良善。安全一向是我們的至高原則，從公司創立至今是如此，未來也必定不會改變。我們有信心，公司的維修和保養政策、程序和計畫能確保所有飛機的安全和適航性[98]。

個案99 失控

危機導火線：野火

類別：酒莊

國家：美國

公司：天堂嶺酒莊（Paradise Ridge Winery）

面對現實：美國每年會發生超過十萬場山林野火，燒毀四百萬到五百萬英畝的林地，對居民、住家和商業形成不小的威脅[99]。

危機概況：二〇一七年，加州索諾瑪（Sonoma County）發生大範圍野火事件，熊熊大火燒毀了超過五千六百棟建築物，奪走數十條人命，當地經濟損失超過十億美元[99]。

天堂嶺酒莊位於索諾瑪的第一大城聖羅莎（Santa Rosa）。這家頂級酒莊名聞遐邇，不少人在此舉辦婚禮及其他特別活動。

這場大火摧毀了廣達一百五十六英畝的酒莊園地，所有設施付之一炬，包括活動中心／品酒室、釀酒廠和三棟房屋[99]。

作者點評：如果企業座落於森林附近，或所在地區的林木茂盛，就必須留意火勢迅速蔓延所可能帶來的危險，不僅企業本身面臨風險，員工和客戶都可能連帶受影響。對受影響的人和企業而言，災後重建和復原工作可能需要好幾年才能完成。

理想做法：儘快恢復正常運作

大火隔天，酒莊就找來總承包商討論受損建築的重建事宜[99]。

理想做法：確定保險的理賠足夠

酒莊重建工程預估需要將近一千五百萬美元，但擁有該酒莊的家族從保險公司收到的理賠金只夠支應三分之一的重建費用，剩下的資金缺口必須另外設法籌措[99]。

理想做法：備妥備用計畫

酒莊的釀酒設備全在大火中付之一炬，因此酒莊打算暫時租用鄰近的酒莊來釀酒，維持生產[99]。

理想做法：明白復原工作的內容和優先順序

出借場地供人舉辦婚禮等活動的收入占了酒莊三分之一的營收，因此酒莊決定先重建活動中心／品酒室，讓相關業務率先恢復正常運作[99]。

理想做法：縱使艱難也得咬牙決定

大火前，天堂嶺酒莊擁有五十名左右的員工；大火後，酒莊必須裁減人力，僅留下十七名員工[99]。

理想做法：防範類似的危機再度發生

酒莊實施了幾項措施以保障釀酒設備的安全，且防火效果更佳[99]。

個案100 安全總比遺憾好

危機導火線：職場暴力

類別：醫療保健、醫院、職業公會

國家：美國

公司：克里夫蘭醫學中心（Cleveland Clinic）、塔科馬綜合醫院（MultiCare Tacoma General Hospital）

組織：美國協會經理人學會（American Society of Association Executives）、國際醫療照護安全協會（International Association for Healthcare Security and Safety）

面對現實：保護員工，避免他們在工作場合遭受攻擊，已然成為許多產業和職業的重要課題。美國每年發生兩萬五千起職場暴力案件，其中百分之七十五發生於醫療照護場所[100]。

危機概況：國內上百家醫療照護機構開放讓狗進駐，利用寵物營造平靜、撫慰人心的氛圍，紓緩緊張的環境氣氛，這樣或許有助於防止或化解職場的暴力場面[100]。華盛頓州塔科馬綜合醫院「聘請」三歲的德國牧羊犬班班（Ben）擔任院區的護衛犬。他平時會巡邏院區，防止訪客、醫生、護士等人遭遇潛在的危險情況[100]。班班每天有九成的時間都在巡邏。三個月內，院區人員就呼叫班班警衛超過三百次，而其中八十次，他都順利化解了可能爆發口角或肢體衝突的火爆場面[100]。雖然院方僱用他的初衷是維護安全，但他有時也身兼雙職，同時擔任治療犬的角色[100]。

作者點評：承認發生問題或危機是一回事，採取實際行動解決又是另一回事。目前美國有百分之十四的醫院利用護衛犬來協助防範及化解職場暴力的問題[100]。

理想做法：發出危機警訊

克里夫蘭醫學中心執行長米哈杰維克（Tom Mihaljevic）表示，「美國醫療照護機構一向有個很基本但很少人談到的問題：醫護人員遭受暴力對待。每天（就是字面上所說的每一天），我們都暴露在隨時發生火爆場面的環境中，尤其是急診室[100]。」

理想做法：了解危機起因

根據 NPR 報導，「許多醫護人員表示，肢體和言語暴力主要來自病患，有些病人因為生病或接受治療而神智不清。有時，護士和醫生也會受病人家屬所傷害，因為面對家人病情嚴重的事實，他們往往精神緊繃，很容易情緒失控 100。」

理想做法：積極解決

國際醫療照護安全協會呼籲醫療照護機構建立政策、慣例和程序，設法防範及管理職場暴力問題。該協會在官網上列舉多項建議，協助會員機構推動改革 100。

美國協會經理人學會則為會員提供線上訓練課程，在課程中列出工作場所發生暴力或其他涉及人身威脅的情況時，建議採取的應變行動 100。

個案101 **本末倒置**

危機導火線：搞錯重點
類別：政府
國家：辛巴威
組織：辛巴威政府

面對現實：組織的時間、金錢和資源有限，能處理的事務當然也有限，因此有必要斟酌理由、挑選合適的方法，鎖定適當的事務挹注資源加以處理。

危機概況：辛巴威政府花了十幾萬英鎊為法官添購假髮101。

作者點評：光是一個簡單的抉擇，組織就有可能引火自焚。

理想做法：勿以錯誤的理由做出錯誤決策

辛巴威政府面臨多項嚴重問題：國人大多生活貧困，經濟情況惡劣，而且法庭的硬體環境不佳。

《衛報》（*The Guardian*）指稱，「辛巴威人民在社群媒體上大吐苦水，指出法庭的空間狹窄、設備不全，而且國家經濟毫無起色，根據世界糧食計畫署（World Food Programme）的統計，貧窮線以下的人口比例高達百分之六十三，但政府竟選擇在這種時候浪擲公帑，執政能力值得質疑[101]。」

位於布拉瓦約（Bulawayo）的維權團體 Habakkuk Trust 執行長努可莫（Dumisani Nkomo）告訴《衛報》，「（假髮）不應是優先處理的事情。我們必須先注重民生議題，避免浪費公帑在不必要的奢侈品上[101]。」

當我看到新聞標題寫著：「辛巴威耗費十五萬美元採購『醜陋』的法官假髮而引發眾怒」[101]，內心一點都不感到意外。

理想做法：及時回應媒體的來電，讓媒體也能報導你的立場

讓新聞媒體能從你的立場報導危機事件的全貌，是向大眾表達觀點的最佳管道（有時這也是唯一方法）。辛巴威政府錯失了這樣的機會，而未能透過 CNN 的報導向外界解釋引起爭議的法官假髮採購案，因此該報導最後只能補充說道：「辛巴威司法事務委員會（Judiciary Service Commission）未立刻回應 CNN 的採訪，本台目前無

從得知委員會對此爭議的看法[101]。」

個案102
又來了！

危機導火線： 問題不斷
類別： 社群媒體
國家： 美國
公司： Facebook

面對現實： 殭屍死而復生後，會再度開始攻擊及啃食人類。如果以殭屍來比喻危機，通常是指災難、醜聞或其他緊急事件不斷反覆發生，活生生地拖垮了企業或組織。

危機概況： 幾年來，Facebook經歷的危機不計其數，涉及的問題包括資料外洩、變造影片、仇恨言論、假新聞、侵犯隱私，以及俄國干涉美國大選。

作者點評：本章列舉的危機案例大多來自曾遭逢一次危機（且就這麼一次）的企業和組織。設想如果企業像 Facebook 一樣經歷多次危機，並成為書籍、網站、部落格和無數篇新聞報導所探討的主角，情況會變成怎樣[102]。你或許認為，這家社群媒體巨擘對於回應不同危機類型的經驗豐富，想必早已千錘百鍊，懂得如何識別潛在的錯誤並提早因應，以免錯誤演變成更大的問題。然而如我們所見，Facebook 還是一次次因為不同危機躍上新聞版面，每次都得像第一次般地慎重回應最新的緊急狀況。未來 Facebook 還會在危機管理和溝通方面帶給我們什麼啟發呢[102]？不妨密切關注！

101 條實務忠告

縱使有幾十項因素可能觸發危機，但往好處想，也有幾十種實務典範可供效法，除了讓你能事先做好準備，也能協助你回應及管理危機，並在事後恢復正常。我回顧了本章及其他章節提及的危機導火線，歸結出各界遵行（或我認為應該遵從）的各種實務準則。這些理想做法已照以下類別分區羅列：預防、準備、研究、媒體關係、領導／管理、行動、溝通、復原。

若能妥善運用這些基本功和本書提供的其他建議，必能有助於防止及回應各種災難、醜聞和其他緊急事件，安然度過危機後重回正軌。

預防

1. 掌握企業或組織內部狀況。
2. 留意可能引發危機的事件、趨勢或發展。
3. 不預設立場。
4. 識別已知與潛在的危機導火線。
5. 消除或減少已知與潛在風險。

準備

6. 擬定危機管理計畫。
7. 定期檢討及更新計畫。

8. 因應不同危機情況，備妥備用方案和緊急應變計畫。
9. 定期演練危機處理程序。
10. 制定有助於立即掌握內部危機概況的程序。
11. 了解何時應啟動計畫。
12. 指派危機管理團隊。
13. 確保能在危機期間即刻聯絡上重要人員。
14. 為發言人提供媒體關係訓練。
15. 確認保險額度足夠。

研究

16. 掌握整體狀況。
17. 釐清危機的所有實情。
18. 確認資訊正確無誤。
19. 取得危機各方面的最新消息。

媒體關係

20. 監看主流媒體和社群網站（並親自經營），以掌握相關資訊。
21. 設法修正新聞報導中的錯誤資訊。
22. 快速回應媒體的詢問。

領導／管理

23. 一旦發現或聽聞問題跡象，就立即採取對策。
24. 如果情況允許，應扛起處理危機的責任。
25. 從自身立場陳述事件。
26. 一概據實以告。
27. 務求透明化。
28. 確立引發危機的問題。
29. 找出解決方案。
30. 採取你認為最理想的辦法來處理緊急事件。
31. 排定處理危機時大小事務的優先順序。

32. 別驟下結論。
33. 別粉飾太平。
34. 盡全力採取行動。
35. 再艱難都要果斷決策。
36. 承認錯誤，越早越好。
37. 梳理危機的脈絡，拉高格局看待危機。

行動

38. 在能力所及範圍內儘速應變。
39. 設定切合實際的期限。
40. 儘快擺脫危機帶來的陰霾。
41. 做對的事。
42. 把事做對。
43. 迅速行動。
44. 別提油救火，使情況更惡化。

45. 別指責他人。
46. 界定處理危機的成功標準。
47. 設定可達成且切合實際的目標和期限。
48. 啟動危機管理團隊。
49. 讓主要受眾看見你在努力處理。
50. 完整揭露實際情況。
51. 為行動和決策提出解釋。
52. 強調你所奉行的核心價值。
53. 尋求專家建議。
54. 讓危機成為轉機。
55. 識別、取得及利用所需資源。
56. 清楚傳達危機因應對策。
57. 宣布適當的解決方案，以化解引發危機的根本問題。
58. 解釋所採取的行動和決策會產生哪些影響。
59. 超越期許。

60. 克服挑戰和阻礙。
61. 做好迎接意外的心理準備。
62. 設法避免重蹈覆轍。
63. 澄清是非。
64. 即刻回應瞬息萬變的情勢。
65. 制定緊急應變計畫。
66. 避免業務受到干擾。
67. 快速且妥善回應外界批評。
68. 若自認無辜受害，應勇於發聲。
69. 解釋你所採取的行動和決策，提供充分理由。
70. 預想他人的可能反應。
71. 給予切合實際的期望。
72. 不輕言放棄。
73. 以身作則。
74. 設法彌補錯誤。

溝通

75. 道歉。
76. 展現同情心。
77. 展現同理心。
78. 確認真相後再發言。
79. 謹慎發表言論。
80. 儘快宣布壞消息。
81. 承認發生錯誤或危機。
82. 說明危機造成的影響。
83. 別讓自己越陷越深。
84. 別推卸責任。
85. 別找藉口。
86. 必要時提供最新消息。
87. 善用所有可取得的適當溝通管道。
88. 別盲目臆測。

89. 別掩蓋壞消息或試圖粉飾太平。
90. 持續為主要受眾說明最新進度。
91. 通報適當的主管機關。
92. 解釋發現問題的過程。
93. 表達及展現關切。
94. 必要時為自己的作為辯護。
95. 清楚說明你所採取的對策和原因。
96. 解釋你實行了哪些預防措施。
97. 若無法有所作為，應向外界發出適當的警訊。
98. 向協助者表達感激。

復原

99. 擬定復原計畫，且設定的期限和目標必須合理適當。
100. 運用從危機中學到的經驗，據以更新危機管理計畫。
101. 持續從錯誤中學習，並師法他人的成功經驗。

PART 7

止跌回升：從危機中浴火重生

從災難、醜聞或其他緊急事件中復原並非不可能，成功案例比比皆是。

本書最終章要傳達以下正面訊息：災難、醜聞和其他緊急事件終將過去，一切總會雨過天青。

發現自己深陷危機之中，不管是懷疑困境是否會有終結之時，還是能否從中復原，都情有可原，尤其當形象、聲譽或信用早已重挫，一敗塗地，會有這些負面想法再正常不過。幸好現實並非如此絕望。從災難、醜聞或其他緊急事件中復原不是不可能，成功案例比比皆是。不過，你必須先確認隧道盡頭的亮光是日光，不是另一輛直駛而來的火車。危機確定落幕後，你就能循序展開復原工作，而且越快越好。

復原藍圖

書中曾提及如何評估危機整備程度（第 32 頁），斟酌不同危急情況的回應方式（第 37 頁），並參考他人的危機處理之道（第 159 頁）。危機的起因和結果取決於事件的本質，而這也會決定復原所需的時間。有些危機就像路上凸起的減速丘，很快就能安然度過；有些危機則可能登上新聞版面、在社群媒體上延燒，甚至進入司法程序，貌似永無止息之日。

儘管復原過程可能會因實際處境而大相逕庭，不過以下提供基本的藍圖指引，協助你抵達理想境地。

道歉：如果情況允許，應為你造成或引發的危機道歉或承擔責任。

預防：制定或更新政策和程序，降低危機重複發生的機率。

學習：梳理你從危機中學到的教訓，靈活運用並大方分享。

承諾：向受危機影響的人保證，你會從危機中反省改進。

謹記：莫忘當初成功的原因。

定義：界定成功標準：如何確認你已從危機中完全恢復？

衡量：立定不同里程碑，評估復原進度。

清點：將手邊的資源、人才、技術和復原能力列冊管理，仔細評估並靈活運用。

運用：識別、創造及利用相關機會，以利展現、突顯及宣傳長才、技術和能力。

宣傳：整理復原過程中的活動和成果，吸引新聞媒體正面報導，在社群媒體上引起熱絡討論。

重複：視需求反覆執行以上所有要點。

收穫：完全走出危機後，適時記錄這一路來的經歷。

危機名人堂

我想提名幾個企業、組織和知名人物，成立「危機名人堂」供所有人效法。雖然你可能不願相信，但誠如以下案例所顯示，不管你身處哪個產業或專業領域，都可以從危機中浴火重生。

但別以為恢復正常後就能永遠順遂。對有些人和組織來說，危機彷彿壞習慣或癮頭一般，很容易死灰復燃。努力爬出危機深淵後，請務必盡全力確保自己不再跌回谷底，或又不慎引爆另一場更險峻棘手的危機。

喜劇演員葛蕾芬

如同第 279 頁所述，喜劇演員葛蕾芬發布一張爭議照片，經歷了差點斷送演藝生涯的重大危機。照片中，她手上提著血淋淋、貌似是總統川普的頭顱。儘管她已公開道歉，美國特勤局還是對她展開調查，川普和其家人對此大加抨擊，連 CNN 都終止與她合作，其他工作邀約也紛紛取消[1]。

這位艾美獎得主沒有花上太多時間就強勢回歸，但這次不是在美國娛樂圈東山再起，而是歐洲。「那張照片讓我的事業跌了很大一跤，但也因為那張照片，我才有機會展開世界巡迴處女秀，」葛蕾芬說[2]。

危機發生一年後，葛蕾芬有更多機會涉足娛樂產業的商業運作，不僅形象由負轉正，她更善用簡訊、電子郵件和社群媒體打響了個人知名度。《富比士》在報導她的巡迴演出時指出，「這是這位喜劇演員很高明的一步，雖然照片風波重挫了她每年七位數的收入，但這檔世界巡迴預估已為她賺進兩百萬美元，最多可能上看四百萬。」[3]

馬里蘭州巴爾的摩

市政府電腦遭有心人士入侵及勒索後，雖然市府拒付贖金（參見第 329 頁），但幾週之後，市政公務就幾乎完全恢復正常運作。那次經驗的代價高昂，市政府花了超過一千八百萬美元善後[4]。

全美市長會議（US Conference of Mayors）通過一項決議案，反對在遭遇類似情況時支付贖金委屈求全，藉此支持巴爾的摩不向網路罪犯低頭的決定[5]。

加州州長紐松

二〇〇七年，還在舊金山市長任內的紐森坦承和競選團隊成員的老婆有一腿。他向媒體表示，「你們所聽到和看到的消息千真萬確，我為這件事深感抱歉[6]。」

揮別醜聞後，紐森當選加州副州長，之後更在二〇一八年選上州長，得票率高達六成[7]。

雖然醜聞通常會隨著時間過去而逐漸無人談論，但並非完全為世人遺忘。紐森在競選州長期間接受某個電視節目的訪談，主持人問起他與當年婚外情對象的關係，他正面回應，「我當時承認也道歉了。這件事讓我成長許多。對於這件事，我們都坦承不諱，誠實以對。」不過主持人並未輕易放過他，反而追問他過去還有沒有其他黑歷史可能會傷害選情。他斬釘截鐵地回答：「絕對沒有[8]。」

Chipotle 墨西哥快餐餐廳

如同第 263 頁所述，Chipotle 爆發食安危機時，外界不禁懷疑這家全國連鎖餐廳能否繼續經營下去。除了積極解決食安相關問題，這家企業也撤換了高層主管，並向新聞媒體說明公司採取了哪些改善措施，挽救形象，同時也強調公司的核心價值和優先要務，期能化解危機的衝擊。

二〇一八年，Chipotle 的新財務長哈頓（Jack Hartung）和執行長尼可（Brian Niccol）一同上 CNBC 由克萊默（Jim Cramer）主持的《Mad Money》節目，分享公司東山再起的歷程[9]。

哈頓坦承，「我們有點措手不及，所以不再一直強調 Chipotle 的特別之處。自從尼可來到公司，我們籌組了全新團隊……最棒的是，公司已經重新出發。現在我們最重視的是食材[10]。」

尼可深表贊同，他說：「現在我們全力顧好食材，追求真正新鮮的美味，而這的確需要制定不同的食安標準才行[11]。」

除了推動改革及力求改善之外，時間也是這家公司能夠東山再起的重要盟友。CNBC 的克萊默在二〇一九年的節目中指出，「時間也有點功勞。消費者淡忘了當初的食安恐慌，現在又重新上門購買，而且就像我一樣，似乎比以前更愛 Chipotle 了[12]。」

零售商西爾斯（Sears）

二〇一八年十月走完破產重整程序後，零售巨擘西爾斯面臨了另一場危機，也就是流動性不足的問題即將對公司造成威脅，成為壓垮這家老牌百貨公司的最後一根稻草。所幸，聯邦法官批准由避險基金收購西爾斯的資產，這家公司才得以再次安然度過難關[13]。

至此，這家連鎖百貨的競爭力已大不如前，過去顛峰時期有多達三千五百家分店、將近三十萬名員工，後來只剩四百二十五家分店和四萬五千名員工[14]。

美國富商史都華（Martha Stewart）

二〇〇三年，美國證券交易委員會控告史都華違法內線交易，事由是她非法接收證券經紀人的交易消息後，賣掉一家生物製藥公司的持股[15]。

二〇〇四年，陪審團認為她四度阻礙審判，以及未對檢察官坦白說明賣股的事實，因而認定她有罪[16]。

這項判決無助於挽救史都華的聲譽或財務狀況，反而為原本為人津津樂道的企業家成功案例畫下句點。《紐約時報》評述，「她的公司在一九九九年上市，後來搭上網際網路的發展浪潮而使她一夕致富，至少帳面上是如此[17]。」

後來史都華入獄服刑五個月，接著在家監禁五個月。遭逮捕前，她的身價估計高達二十億美元[17]。現在，雖然她的身價只有以前的四分之一，但新的報告指出，她仍擁有超過六億美元的財富。出獄後，她寫了更多書，並受邀參加多個網路節目[18]。

如同Money Inc.指出，「整體而言，史都華在生活風格和各種相關事務方面依然有其重要地位。有人曾因為內線交易而一生嚴重受挫，但史都華似乎挺過了逆境，且狀態維持得相對不錯。不僅如此，史都華顯然還沒打算退休，所以日後她的身價會如何變化，值得觀察[19]。」

百事可樂

這家軟性飲料公司找來模特兒珍娜（Kendall Jenner）拍攝廣告，但內容被控貶低「黑人的命也是命」（Black Lives Matter）運動，引來外界大肆抨擊。隨後，該企業快速撤下電視廣告，並發表以下聲明：「百事可樂試圖帶給全世界團結和平、彼此理解的訊息，但顯然我們並未如期達到這個目標，我們對此深感抱歉。」聲明繼續寫道：「影射任何嚴肅議題並非我們的本意。目前這支廣告已經下架，所有相關內容也將不再曝光。無端讓珍娜捲入此次風波，我們也倍感愧咎，在此一併要向珍娜致歉[20]。」

相較於這八年來的市場評價，這支廣告使百事可樂的正面形象跌到歷史新低點。不過根據市場研究指標，不到一年，百事可樂在目標客群之一（即千禧世代）心中的形象便明顯回升[21]。

肯德基

這家國際連鎖速食餐廳曾被迫暫時關閉英國大部分門市，因為雞肉庫存不足[22]。肯德基解釋是新合作的快遞公司 DHL 出了點問題。這家連鎖餐廳指出，「我們找了新的快遞合作夥伴，但要將新鮮雞肉配送到全國九百家餐廳是相當複雜的任務，因此合作初期遇到了幾個問題。我們不願犧牲品質，所以在快遞服務未能到位的情況下，不得不暫時關閉部分餐廳，部分分店則縮短營業時間或限制販售的品項[23]。」

肯德基很快就重回原快遞公司的懷抱[24]，所有門市重新正常營運，並釋出一支自嘲的幽默廣告，為這起烏龍事件道歉[25]。

星巴克

兩名黑人在星巴克的費城門市遭到逮捕，對此，總公司迅速回應（詳見第 216 頁）。除此之外，星巴克的八千間分店也特地歇業一天，為十七萬五千名員工提供反偏見訓練課程，並向那兩名男子道歉[26]。

雖然星巴克最後還是順利走出了這起事件的陰霾，但訓練課程的成效似乎不如預期。幾個月後，亞歷桑納州的星巴克門市員工要求六名警察離開店內，因為他們讓店內的顧客不太自在。星巴克向這些員警道歉，副執行長威廉絲（Rossann Williams）則在 Twitter 上發表以下內容：「七月四日店裡發生的事情不是警察或任何顧客應該經歷的體驗，星巴克已採取必要措施，確保日後不再發生同樣的事[27]。」

星巴克揮別了前一個危機，不久便又深陷另一場公關災難。由此可知，縱使企業能擺脫危機的陰影，東山再起，但隨時都能輕而易舉地再次惹禍上身。

學無止盡

既然你已了解如何做好準備，在經歷災難、醜聞或各種緊急事件後重回正軌，現在我們該聊聊如何持續精進危機管理和溝通能力了。

放眼全世界，到處都有值得學習的真實案例。舉凡企業高層和領導者、政治人物，乃至其他名人和著名組織，只要他們最近曾遭危機波及，甚或引發危機而備受世人矚目，就是我們借鏡的對象。他們應對及處理危機的優劣之處，都有可能登上主流新聞機構、社群媒體平台、商務雜誌的版面，或成為產業活動探討的主題。

如果你對某種危機特別感興趣，只需到「Google 快訊」設定關鍵字，就能即時掌握最新的相關新聞。或者，你也可以訂閱我的電子報，查看與各種危機相關的最新資訊，了解當事人在危機中犯了哪些錯，以及做對了哪些事。只要到 PublicRelations.com 註冊就能收到電子報。

每次聽聞或從文章中讀到誰或哪家公司處理危機的方式，不妨運用你所學到的新知（以及本書所給的建議），仔細檢視他們採取的對策與成效。另外也別忘了問問自己：這要是發生在我身上，我會怎麼做？

從別人的經驗中記取教訓，永遠好過親自經歷打擊，從挫敗中被迫成長。

致謝

感謝許多人願意貢獻所長，以各種形式協助我完成這本書。感謝名單如下：

潘蜜拉（Pamela Kervin Segal），她自婚後便不厭其煩地閱讀我所寫的幾乎每一個字，並幫忙編輯。南西（Nancy Kervin），她總是大方分享各種知識，且不吝犧牲個人時間，仔細校閱草稿和印刷樣本。圖爾（Stephen Tull），他與我分享豐富的專業想法，協助我建立周全完善的索引。任何人查閱本書如此重要的部分時，必定都會有感而發地感謝他細心處理各種細節。赫弗南（Mary Anne Heffernan），她的獨到見解和建議讓本書更增光采。我的出版經紀人威利格（John Willig，隸屬 Literary Services, Inc），要不是他擁有無止盡的熱忱、豐富經驗和寶貴的專業能力，這本書恐怕永無問世之日。詹姆士（Bob James）、甘迺迪（Jim Kennedy）、瑪洛維茲（Mitch Marovitz）、奈里斯（David Nellis）、薩諾（Arnold Sanow）和絲達兒（Nancy Starr），感謝他們看了書稿後不吝提供寶貴的意見和建議。邦涵（Ann Bonham）博士和裘德（Jesse Joad）博士，她們為本書的封面提供了重要意見。斯特凡尼德斯（Dave Stefanides），是他在我的危機管理工作坊上滿腔熱情地鼓勵我，才催生出這本書。加州房地產經紀人協會（California Association of REALTORS®）執行長辛格（Joel Singer）以及資深副總裁兼總法律顧問巴洛（June Barlow），感謝他們協助我了解加州缺房的困境。索諾瑪州立大學（Sonoma State University）經濟學教授暨區域經濟研究中心（Center for Regional Economic Analysis）主任艾勒（Robert Eyler），他對二〇一七年重創加州的那場野火提供了精闢見解，幫助我了解這場天災造成的影響。

我能有機會參訪國防部的危機溝通演練現場，全要感謝公共事務局局長瓊斯（Omar Jones）准將、陸軍公共事務主任布魯姆（Eric Bloom）上校、陸軍德特默（Travis Dettmer）中校，以及國防資訊學校的霍普伍德（Stacy M. Hopwood）中校等人聯繫及促成；也要感謝美國退任海軍少校曼恩（Bashon Mann）的督促，讓我能從該次經驗中獲益良多。

感謝 Hachette Book Group 旗下公司能力卓越的員工鼎力相助，包括 Hodder & Stoughton 出版總監兼本書編輯坎貝爾（Iain Campbell）、文案編輯哈爾布萊卜（Brett Halbleib）、審校吉布森（Jeanne Gibson）和 Nicola Thatcher at Keystone Law 法律團隊。此外也要感謝 Nicholas Brealey Publishing 團隊：編輯助理弗里賽拉（Emily Frisella）、

製作經理摩根（Michelle Morgan）、銷售經理卡兒（Melissa Carl）、行銷專員柏克（Sarah Burke），以及涵琪（Alison Hankey），她的建議讓本書更臻完備。

我也要感謝 Hachette UK 的資深設計師奇茲瑪齊亞（Lewis Csizmazia）為本書設計了鯊魚環伺的搶眼封面（編按：原文書封）；謝謝潘蜜拉和南西的創意，她們建議我幫這本書製作一段有趣的影片，讓水中的鯊魚跳起一口咬住書名裡那個顫抖的字母「D」；感謝專業的動畫師漢娜（Hannah Churn）和托德（Todd Churn）實現了鯊魚動畫的想法，栩栩如生的鯊魚一躍而起，咬住水面上搖晃不穩的「D」，在網路上賦予這本書一個活靈活現的封面。這支短片已在 PublicRelations.com 公開，以連續播放的形式呈現。

最後，我想感謝我家窩心的狗女兒夏里（Charlie），她時常陪伴在我左右，提出她來自汪星球的獨到建議和想法。

為求簡潔（以免本書篇幅過長），第六章每個案例都會附上注釋。該章節引用的文字遵照其在個別出處的原順序來呈現，且全依據《芝加哥寫作格式手冊》（*Chicago Manual of Style*，第十七版）的規定編排。

第二章：毫無準備就等著失敗

1. Kageyama. "CEO's Tears Win Japan's Empathy." San Francisco Chronicle. February 26, 2010. https://www.sfgate.com/business/article/Toyota-CEO-s-tears-win-Japan-s-empathy-3197945.php.
2. "States with Apology Laws," Sorry Works. Accessed August 9, 2019. https://sorryworkssite.bondwaresite.com/apology-laws-cms-143.
3. "Corporate Apologies." JDSupra. February 13, 2019. https://www.jdsupra.com/legalnews/corporate-apologies-balancing-crisis-85580/.

4. JDSupra.

第三章：計畫實測

1. Davis. "Why NASA Just Destroyed a Simulated New York City with a Huge Fake Asteroid." NBC News. May 7, 2019. https://www.nbcnews.com/mach/science/why-nasa-just-destroyed-simulated-new-york-city-huge-fake-ncna1002476.
2. Thomas. "G7 Countries to Simulate Cyberattacks." Reuters. May 10, 2019. https://www.reuters.com/article/us-g7-france-cyber/g7-countries-to-simulate-cross-border-cyber-attack-next-month-france-idUSKCN1SG1KZ.
3. Kaukuntla. "Mumbai Airport Prepares for Crisis." The Hindu. April 26, 2019. https://www.thehindu.com/news/cities/mumbai/mumbai-airport-prepares-for-crisis/article26947165.ece.
4. Myers. "Fort Bragg Power Outage." Army Times. April 25, 2019. https://www.armytimes.com/news/your-army/2019/04/25/heres-the-story-behind-that-massive-fort-bragg-power-outage/.
5. Morales. "New York Authorities Test Their Defenses against Cyber Attacks." CNN. July 26,2019. https://www.cnn.com/2019/07/26/us/nyc-cyber-security-training/index.html.

6. Mann. US Navy Lieutenant Commander (Ret.). Email interview with Edward Segal. June 12 and 27, 2019.
7. Mann.
8. Shear and Schmidt. "Gunman and 12 Victims Killed in Shooting at D.C. Navy Yard." New York Times. September 16, 2013. https://archive.nytimes.com/www.nytimes .com/2013/09/17/us/shooting-reported-at-washington-navy-yard.html.
9. Shear and Schmidt.
10. CSX. "Company Overview." Accessed August 4, 2019. https://www.csx.com/index.cfm/about-us/company-overview/.
11. Doolittle. (Former assistant vice president for media and communications for CSX), email interview with Edward Segal. February 10 and March 3, 2019.

第五章：危機期間的媒體互動

1. Kernis. "Mike Wallace Is Here." CBS Sunday Morning. July 21, 2019. https://www.cbsnews.com/news/mike-wallace-is-here/.

2. Bergin. "BP CEO Apologizes for 'Thoughtless' Oil Spill Comment." Reuters. June 2, 2010. https://www.reuters.com/article/us-oil-spill-bp-apology/bpceo-apologizes-for-thoughtless-oil-spill-comment-idUSTRE6515NQ20100602.
3. Bergin.
4. DiFazio. "Philadelphia Made Nearly $1 Billion in Accounting Mistakes Last Year." Newsweek. June 13, 2018. https://www.newsweek.com/philadelphia-made-nearly-1-billion-dollars-accounting-mistakes-last-year-974894.
5. McLaughlin. "Man Who Took Hostages Killed by Police." CNN. January 14, 2019. https://www.cnn.com/2019/01/14/us/ups-active-shooter-logan-township-new-jersey/index.html.
6. Stanglin and Madhani. "Fired Factory Worker Goes on Shooting Rampage." USA Today. February 16, 2019. https://www.usatoday.com/story/news/nation/2019/02/15/active-shooter-aurora-illinois-says-police-respnd-active-shooter/2883754002/.
7. Bowerman. "Kelly Thought Career Was Over After Kids Interrupted Live Interview." USA Today. December 20, 2017. https://www.usatoday.com/story/news/nation-now/2017/12/20/bbc-dad-robert-kelly-thought-his-career-over-after-kids-hilariously-interrupted-live-

interview/968226001/.

8. Usborne. "The Expert Whose Children Gatecrashed His TV Interview." The Guardian. December 20, 2017. https://www.theguardian.com/media/2017/dec/20/robert-kelly-south-korea-bbc-kids-gatecrash-viral-storm.

9. Rogers. "Notre Dame Fire." Fox News. April 15, 2019. https://www.foxnews.com/tech/notre-dame-fire-youtube-slammed-after-live-footage-appears-with-link-to-9-11-info.

第六章：從他人的成敗中學習

1. Charpentreau. "FAA Defends Its Processes." AeroTime News Hub. May 16. 2019. https://www.aerotime.aero/clement.charpentreau/22646-boeing-737-max-faa -defends-its-processes-blames-pilots;Charpentreau; Economy. "Boeing CEO PutsPartial Blame on Pilots." Inc. April 30, 2019. https://www.inc.com/peter-economy/boeing-ceo-puts-partial-blame-on-pilots-of-crashed-737-max-aircraft-for-not-completely-following-procedures.html; Mokhiber. "Blaming Dead Pilots." CounterPunch. May 24, 2019. https://www.counterpunch.org/2019/05/24/the-boeing-way-blaming-dead-pilots/; Devine, Cooper, and Griffin. "

'Inexcusable' to Blame Pilots." CNN. May 23, 2019. https://www.cnn.com/2019/05/23/business/american-airlines-boeing-pilots-union/index.html; Oestreicher. "Boeing Flunks Apology Tour." O'Dwyer's, May 21, 2019. https://www.odwyerpr.com/story/public/12540/2019-05-21/boeing-flunks-apology-tour.html.

2. DiFazio. "Nearly $1 Billion in Accounting Mistakes." Newsweek. June 13, 2018. https://www.newsweek.com/philadelphia-made-nearly-1-billion-dollars-accounting-mistakes-last-year-974894;DiFazio; DiFazio; Philadelphia City Controller. "Serious Issues with City's Financial Management." June 12, 2018. https://controller.phila.gov/office-ofthe-city-controller-finds-serious-issues-with-citys-financial-management/. DiFazio, "Nearly."; Philadelphia City Controller. "Report on Internal Control and Compliance." June 12, 2018. https://controller.phila.gov/philadelphia-audits/report-on-internal-control-and-on-compliance-and-other-matters-city-of-philadelphia-fy-17/; DiFazio, "Nearly."; Newhouse. "Philadelphia's Bookkeeping among Worst in Country." Metro. June 12, 2018. https://www.metro.us/news/local-news/philadelphia/phillys-government-bookkeeping-among-worst-country-rhynhart-says.

3. Romano. "Sexual Assault Allegations against Spacey." Vox. December 24, 2018. https://www.vox.

com/culture/2017/11/3/16602628/kevin-spacey-sexual-assault-allegations-house-of-cards; Park. "Spacey Apologizes for Alleged Sexual Assault." CNN. October 31 2017. https://www.cnn.com/2017/10/30/entertainment/kevin-spacey-allegations-anthony-rapp/index.html; Park; Weaver and Convery. "Spacey Criticized over Link between Homosexuality and Abuse." The Guardian. October 30, 2017. https://www.theguardian.com/culture/2017/oct/30/kevin-spacey-criticised-over-link-between-abuse-and-homosexuality; BBC. "Special Emmy Award Withdrawn." October 31, 2017. https://www.bbc.com/news/entertainment-arts-41816238;Romano. "Spacey Just Got Fired from New Movie." Vox. November 8, 2017. https://www.vox.com/2017/11/8/16626572/kevin-spacey-fired-all-the-money-in-the-world-reshoot-ridley-scott.

4. KSTP-TV. "Gunman Kills 5 People." February 15, 2019. https://kstp.com/news/active-shooter-aurora-illinois/5248240/; Farr. Water Finance & Management. "Shooting at Illinois Henry Pratt Facility." February 18, 2019. https://waterfm.com/shooting-illinois-henry-pratt-facility-leaves-5-dead-5-officers-wounded-mueller-releases-statement/. Pratt. "Aurora/Pratt Survivors' Fund." Accessed July 25, 2019, https://www.henrypratt.com/aurorapratt-survivors-fund/; Farr. "Shooting at Illinois Henry Pratt Facility." Farr. February 18, 2019.

5. Shapiro. "Avon Pulls Marketing Materials." Huff Post. January 20, 2019. https://www.huffpost.com/entry/jameela-jamil-avon-shaming-women_n_5c44d839e4b0bfa693c49bc8; Zoellner. "Avon Issues Apology." Daily Mail. January 21, 2019. https://www.daily mail.co.uk/femail/article-6616527/Avon-issues-apology-body-shaming-campaign.html; Shapiro, "Avon."; Shapiro, "Avon."; Shapiro, "Avon."

6. Littleton. "Tsujihara Out as Warner Bros. Chief." Variety. March 18, 2019. https://variety.com/2019/biz/news/kevin-tsujihara-warner-bros-sexual-impropriety-1203165653/.Littleton; Littleton; Littleton.

7. Noveck. "Streisand Apologizes for Remarks on Jackson Accusers." AP News. March 23, 2019. https://www.apnews.com/71cbfeaed0014d0b88480933770eb507; Garcia. "Streisand Apologizes for Remarks about Jackson's Accusers." New York Times. March 23, 2019. https://www.nytimes.com/2019/03/23/arts/barbra-streisand-michael-jackson.html; Nyren. "Streisand Clarifies Michael Jackson Remarks." Variety. March 23, 2019. https://variety.com/2019/film/news/barbra-streisand-michael-jackson-remarks-backlash-1203170857/.

8. Simko-Bednarski, Frehse, and Romine."Delta Employee Arrests in $250,000 Theft at JFK

International." September 26, 2019. https://www.cnn.com/2019/09/26/us/arrest-in-jfk-theft/index.html; Katersky and Crudele. "Delta Baggage Handler Arrested for Alleged Theft of over $250,000 at JFK." ABC News. September 26, 2019. https://abcnews.go.com/US/delta-baggage-handler-arrested-alleged-300000-theft-jfk/story?id=65883239; Katersky and Crudele.

9. Siekierska. "IKEA Apologizes for Selling Map that's Missing New Zealand." Yahoo Finance. February 15, 2019. https://finance.yahoo.com/news/ikea-apologizes-selling-map-thats-missing-new-zealand-181725931.html; Evans. "Ikea Apologizes After Leaving New Zealand off Map." BBC News. February 8, 2019. https://www.bbc.com/news/blogs-trending-47171599;Choudhury. "Ikea Apologizes for Leaving New Zealand off Map." NBC News. February 11, 2019. https://www.nbcnews.com/business/business-news/ikea-apologizes-leaving-new-zealand-world-map-n969941; The Local. "Ikea Apologizes After Leaving New Zealand off Map." February 9, 2019. https://www.thelocal.se/20190209/ooops-ikea-apologises-after-leaving-new-zealand-off-map.

10. Paraskova. "Tesla Owners Protest Price Cuts." Oil Price. March 4, 2019. https://oilprice.com/Latest-Energy-News/World-News/Tesla-Owners-In-Asia-Protest-Against-New-Massive-Price-Cuts.html; Xuanmin. "Tesla's Price Cuts Anger Chinese Buyers." Global Times. March 3, 2019. http://www.

globaltimes.cn/content/1140712.shtml; Lambert. "Tesla Owners Protest Price Cuts." Electrek. March 4, 2019. https://electrek.co/2019/03/04/tesla-owners-protest-price-cuts/; Houser. "Tesla Owners Enraged." Futurism. March 4, 2019. https://futurism.com/the-byte/tesla-protests-company-cut-prices; Houser. "Tesla Reverses Course." Futurism. March 11, 2019. https://futurism.com/tesla-stores-open-raising-car-prices.

11. Isidore. "Sears Declares Bankruptcy." CNN. October 15, 2018. https://www.cnn.com/2018/10/15/business/sears-bankruptcy/index.html; Rothstein. "Sears Emerges from Bankruptcy." Bisnow. May 28. 2019. https://www.bisnow.com/national/news/retail/sears-home-and-life-new-store-after-bankruptcy-99153#ath?utm_source=CopyShare&utm_medium=Browser?utm_source=CopyShare&utm_medium=Browser.

12. Positively Osceola. "Disney World Bans All Single-Use Plastic Straws." May 4, 2019. https://www.positivelyosceola.com/walt-disney-world-bans-all-single-use-plastic-straws-at-its-locations/; Esteves. "How Can Packaging Companies Respond to Global Bans on Single-Use Plastic?" Maine Pointe. September 5, 2018. https://www.mainepointe.com/practical-insights/how-can-packaging-companies-respond-to-global-bans-on-single-use-plastic; Positive Osceola. "Disney

World Bans."; Yasharoff. "Disneyland Paris Gets Rid of Plastic Straws." USA Today. April 18, 2019. https://www.usatoday.com/story/travel/news/2019/04/18/disneyland-paris-officially-banned-plastic-straws-us-parks-are-next/3506699002/; Penning. "Disney Expands Environmental Commitment." Disney Parks Blog. July 26, 2018. https://disneyparks.disney.go.com/blog/2018/07/disney-expands-environmental-commitment-by reducing-plastic-waste/; Penning.

13. Bellware. "Wells Fargo CEO Blames Fraud on Lowest-LevelEmployees." Huff Post. September 14, 2016. https://www.huffpost.com/entry/john-stumpf-wells-fargo_n_57d87d54e4b0fbd4b7bc4c85; Egan. "Workers Tell Wells Fargo Horror Stories." CNN. September 9, 2016. https://money.cnn.com/2016/09/09/investing/wells-fargo-phony-accounts-culture/; Egan; Egan.

14. Los Angeles Times. "Dozens Charged in College Admissions Scheme." March 12, 2019. https://www.latimes.com/local/lanow/la-me-college-admissions-scheme-stories-storygallery.html; Holcombe. "USC Says Students Connected to Cheating Scheme Will Be Denied Admission." CNN. March 14, 2019. https://www.cnn.com/2019/03/13/us/college-admission-cheating-scheme-

wednesday/index.html; Holcombe; Speier and Klick. "USC Launches Internal Investigation into Alleged Bribery Case." Daily Trojan. March 14, 2019. http://dailytrojan.com/2019/03/14/usc-launches-internal-investigation-into-alleged-admissions-bribery-case/; Speier and Klick.

15. CNBC. "Six Dead After New Pedestrian Bridge Collapses." March 16, 2018. https://www.cnbc.com/2018/03/15/several-dead-in-florida-bridge-collapse.html; Miller, et al. "Firm that Designed Bridge Promised It Was Safe." Miami Herald. May 6, 2019. https://www.miamiherald.com/news/local/community/miami-dade/article230079344.html; National Transportation Safety Board. "About." Accessed August 27, 2019. https://www.ntsb.gov/about/Pages/default.aspx; National Transportation Safety Board. "Pedestrian Bridge Collapse." Accessed August 27, 2019. https://www.ntsb.gov/investigations/Pages/HWY18MH009.aspx; National Transportation Safety Board. "Preliminary Report." Accessed August 5, 2019. https://www.ntsb.gov/investigations/AccidentReports/Pages/HWY18MH009-prelim-.aspx; National TransportationSafety Board. "Preliminary Report."

16. Good. "More than 1,200 Accounts Banned for Cheating." Polygon. April 20, 2019. https://www.polygon.com/2019/4/20/18509007/fortnite-world-cup-online-open-cheating-bans; Tinnier.

"Collusion Ban in World Cup." ScreenRant. May 5, 2019. https://screenrant.com/fortnite-esports-worse-collusion-ban-world-cup/; The Fortnite Team. "Fortnite Competitive Game Integrity." April 19, 2019. https://www.epicgames.com/fortnite/competitive/en-US/news/competitive-game-integrity;Davenport. "Cheaters Will Forfeit Winnings." PC Gamers. April 19, 2019. https://www.pcgamer.com/fortnite-world-cup-cheaters/; The Fortnite Team. "Fortnite Competitive Game Integrity."; The Fortnite Team; The Fortnite Team.

17. Liebreich, Karen. "Catholic Church Has a Long History of Child Sexual Abuse and Coverups." Washington Post. February 18, 2019. https://www.washingtonpost .com/opinions/the-catholic-church-has-a-long-history-of-child-sexual-abuse-and-coverups/2019/02/18/53c1f284-3396-11e9-af5b-b51b7ff322e9_story.html; Winfield, Nicole. "Pope Tells Abusive Priests to Turn Themselves In." Associated Press. December 21, 2018. https://www.apnews.com/cafcea3356d64948863e66195c6de4cd; Rome Reports. "Number of Catholics Worldwide Rises to 1.3 Billion." June 13, 2018. https://www.romereports.com/en/2018/06/13/vatican-report-number-of-catholics-worldwide-rises-to-13-billion/; Winfield. "Pope Tells Abusive Priests."; Winfield;Winfield; Winfield;Winfield;Winfield;Windfield; Winfield.

18. USA Today. "Vegetables Recalled for Potential Listeria Risk." Chicago Sun Times. July 2, 2019. https://chicago.suntimes.com/2019/7/2/20679236/trader-joes-green-giant-signature-farms-vegetables-recall-listeria; Food and Drug Administration. "Growers Express Issues Voluntary Recall." Accessed August 5, 2019. https://www.fda.gov/safety/recalls-market-withdrawals-safety-alerts/growers-express-issues-voluntary-recall-multiple-fresh-vegetable-products-due-potential; Food and Drug Administration; Food and Drug Administration.

19. Chappell."Uber Pays $148 Million over Yearlong Cover-Up." NPR. September 27, 2018. https://www.npr.org/2018/09/27/652119109/uber-pays-148-million-over-year-long-cover-up-of-data-breach; Uber. "2016 Data Incident." November 21, 2017. https://www.uber.com/newsroom/2016-data-incident/; Uber; Uber.

20. McGeehan. "N.J. Transit: We Let You Down." New York Times. August 8, 2018. https://www.nytimes.com/2018/08/08/nyregion/nj-transit-train-delays.html; McGeehan; Higgs. "We Won't Get to Nirvana Overnight." NJ.com. December 5, 2018. https://www.nj.com/traffic/2018/12/we-wont-get-to-nirvana-overnight-nj-transit-says-it-will-do-a-better-job-alerting-commuters-to-problems.html; Higgs; McGeehan, "N.J. Transit." 21. BBC. "Aluminum Plants Hit by

'Severe' Ransomware Attack." March 19, 2019. https://www.bbc.com/news/technology-47624207; BBC; BBC; Meyer. "Norsk Hydro Targeted by 'Extensive Cyber-Attack.'" Fortune. March 19, 2019. http://fortune.com/2019/03/19/norsk-hydro-cyber-attack/.

22. Andone, Vera, and Reverdosa. "Brazil Dam Collapse." CNN. February 1, 2019. https://www.cnn.com/2019/01/26/americas/brazil-dam-collapse/index.html; Andone, Vera, and Reverdosa; Andone, Vera, and Reverdosa; Andone, Vera, and Reverdosa; Andone, Vera, and Reverdosa; Reuters. "Dam Collapse Adds to Long List of Mining Disasters." January 29, 2019. https://www.reuters.com/article/us-vale-sa-disaster-accidents-factbox/factbox-vale-tailings-dam-collapse-adds-to-long-list-of-mining-disasters-idUSKCN1PN1T6.

23. Bernard, et al. "Equifax Says Cyberattack May Have Affected 143 Million." New York Times. September 7, 2017. https://www.nytimes.com/2017/09/07/business/equifax-cyberattack.html; Yolz and Shepardson. "Criticism of Equifax Data Breach Response Mounts." Reuters. September 8, 2017. https://www.reuters.com/article/us-equifax-cyber/criticism-of-equifax-data-breach-response-mounts-shares-tumble-idUSKCN1BJ1NF; Smith. "We Will Make Changes." USA Today. September 12, 2017. https://www.usatoday.com/story/opinion/2017/09/12/equifax-

ceo-we-make-changes-editorials-debates/659738001/; Smith.

24. Total Food Service. "Spain Now Leading the US Market of Olive Oil Imports." July 4, 2018. https://totalfood.com/olive-oils-from-spain-leading-us-market-imports/; Burdeau. "Lethal Olive Disease Discovered in Central Spain." Olive Oil Times. April 17, 2018. https://www.oliveoiltimes.com/olive-oil-making-and-milling/xylella-marches-on-lethal-olive-disease-discovered-in-central-spain/62827; Esparza. "Major Spanish Trade Group Looks at Ways to Join Fight against Xylella." Olive Oil Times. January 30, 2018. https://www.oliveoiltimes.com/olive-oil-business/europe/major-spanish-trade-group-looks-ways-join-fight-xylella/62071; Esparza; Gonzalez-Lamas. "Spain's Olive."; Esparza, "Major Spanish."; Esparza, "Major Spanish."

25. Kesslen. "Hard Rock Hotel to Remove Liquor from Minibars." NBC News. June 24, 2019. https://www.nbcnews.com/news/world/hard-rock-hotel-dominican-republic-remove-liquor-minibars-n1020931; Italiano. "Resort Owner Blames Deaths on 'Different Water.' " New York Post. June 30, 2019. https://nypost.com/2019/06/30/hard-rock-resort-owner-blames-dominican-republic-deaths-on-different-water/; Leshan. "Nearly 70 Sickened at Same Dominican Republic Hotel." WUSA9. June 11, 2019. https://www .wusa9.com/article/news/nearly-70-sickened-in-mo

nths-at-same-dominican-republic-hotel-where-two-americans-died/65-cc0768fd-2ee1-4e7e-a7ad-c53b7169af87; Leshan;Kesslen, "Hard Rock."; Kesslen, "Hard Rock."; Leshan, "Nearly 70."

26. Bronskill. "CSIS Destroyed Secret File on Trudeau." CBC News. June 15, 2019. https://www.cbc.ca/amp/1.5177205; Bronskill; Bronskill; Bronskill.

27. Stewart. "Two Black Men Arrested in Philadelphia Starbucks." Vox. April 15, 2018. https://www.vox.com/identities/2018/4/14/17238494/what-happened-at-starbucks-black-men-arrested-philadelphia; Johnson. "Reprehensible Outcome." Starbucks. April 14, 2018. https://stories.starbucks.com/press/2018/starbucks-ceo-reprehensible-outcome-in-philadelphia-incident/; Johnson; Madej and Boren. "Starbucks Closes Stores for Anti-RacialBias Training." Philadelphia Inquirer. May 29, 2018. https://www .inquirer.com/philly/news/starbucks-stores-closed-racial-bias-training-20180529.html; Johnson, "Reprehensible."; NBC News. "Starbucks Policy." May 19, 2018. https:// www .nbcnews.com/news/us-news/new-starbucks-policy-no-purchase-needed-sit-cafes-n875736; Samuelson. "I Personally Apologize." Time. April 16, 2018. https://time.com/5241426/starbucks-ceo-apology-philadelphia/.

28. Centers for Disease Control and Prevention. "Media Statement." April 25, 2019. https://www.cdc.

gov/media/releases/2019/s0424-highest-measles-cases-since-elimination.html; Centers; Centers; Centers; Centers; Centers.

29. Kang. "Pelosi Criticizes Facebook." New York Times. May 29, 2019. https://www.nytimes.com/2019/05/29/technology/facebook-pelosi-video.html; O'Sullivan. "Doctored Videos Make Pelosi Sound Drunk." CNN. May 24, 2019. https://www.cnn.com/2019/05/23/politics/doctored-video-pelosi/index.html; Lagos. "Pelosi: Facebook 'Willing Enablers' of Russians in 2016." KQED. May 29, 2019. https://www.kqed.org/news/11750792/nancy-pelosi-doctored-videos-show-facebook-willing-enablers-of-russians-in-2016; Lagos; Kang. "Pelosi Criticizes Facebook."; Lagos, "Pelosi." 30. Gafni and Sernoffsky. "Video Shows Baer Pulling Wife to Ground." San Francisco Chronicle. March 2, 2019. https://www.sfchronicle.com/giants/article/Video-shows-Giants-CEO-Larry-Baer-dragging-wife-13656221.php; Crowley and Becker. "Wife of Giants CEO Issues Statement." Mercury News. March 1, 2019. https://www.mercurynews.com/2019/03/01/wife-of-giants-ceo-larry-baer-issues-statement-in-aftermath-of-ugly-scene/; Helsel. "Video of Baer Prompts MLB to Gather Facts." NBC News. March 1, 2019. https://www.nbcnews.com/news/sports/video-s-f-giants-ceo-baer-public-altercation-wife-

prompts-n978421; Helsel; Helsel; Pavlovic. "Baer Taking Personal Time Away from Team." NBC Sports. March 4, 2019. https://www.nbcsports.com/bayarea/giants/giants-ceo-larry-baer-taking-personal-time-away-team.

31. Valinsky. "Subway Closed More than 1,000 Stores in US Last Year." CNN. May 2, 2019. https://www.cnn.com/2019/05/02/business/subway-store-closures/index.html; Isidore."Why Subway Could Close Another 500 Restaurants." CNN. April 25, 2018. https://money.cnn.com/2018/04/25/news/companies/subway-closing/index.html;Valinsky; Valinsky; Yahoo Finance. February 4, 2019. https://finance.yahoo.com/news/fast-food-chain-closing-more-215312109. html.

32. Staff Report. "1 in 4 People in Japan over 80 Still Drive." Japan Times. June 4, 2019. https://www.japantimes.co.jp/news/2019/06/04/national/amid-high-profile-car-accidents-involving-elderly-survey-finds-1-4-people-japan-80-still-drive/#.XUnAy2cpChA; Staff Report. "Japan Plans New Driver's License System for Elderly." Japan Times. June 11, 2019. https://www.japantimes.co.jp/news/2019/06/11/national/japan-plans-new-drivers-license-system-elderly-accidents-surge/#.XR-FZmcpChA; Hyatt. "Japan Working on New Driver's Licensing System to Help Elderly Drivers." CNET. June 11, 2019. https://www.cnet.com/roadshow/news/japan-elderly-driver-license-

system/; StaffReport, "1 in 4 People."

33. Harig. "Tiger Woods Arrested on DUI Charge." ESPN. May 30, 2017. http://www.espn.com/golf/story/_/id/19490176/tiger-woods-arrested-dui-florida;Harig, "Tiger."; Ortiz. "Tiger Woods Arrested." NBC News. August 15, 2017. https://www.nbcnews.com/news/sports/tiger-woods-dui-arrest-golfer-had-five-drugs-system-toxicology-n792856; Harig, "Tiger."

34. Lam. "How Did Alaska Repair Earthquake-DamagedRoads in Just Days?" USA Today. December 6, 2018. https://www.usatoday.com/story/news/2018/12/06/alaska-earthquake-facebook-laud-speedy-road-repairs/2233981002/; Lam; Lam; Lam; Wang. "Earthquake Created Highway Hellscape." Washington Post. December 7, 2018. https://www.washingtonpost.com/transportation/2018/12/07/an-earthquake-created-highway-hellscape-alaska-days-later-road-reopened-good-new/?utm_term=.f28aa7981b4d; Wang.

35. BBC News. "Results." Accessed August 5, 2019. https://www.bbc.com/news/ politics/eu_referendum/results; White and Sullivan. "Brexit Deal Resignations." The Sun. August 7, 2019. https://www.thesun.co.uk/news/brexit/7745423/theresa-may-brexit-deal-withdrawal-eu/; Low. "Resignations Begin to Surface." Forexlive. August 29, 2019. https://www.forexlive.com/news/!/

brexit-resignations-begin-to-surface-over-johnsons-prorogation-of-parliament-20190829; Kirby. "Brexit Agreement Fails for Third Time." Vox. March 29, 2019. https://www.vox.com/world/2019/3/29/18285930/brexit-deal-defeated-parliament-theresa-may-third-time; Bloom, et al. "Brexit Is Already Affecting UK Businesses." Harvard Business Review. March 13, 2019. https://hbr.org/2019/03/brexit-is-already-affecting-uk-businesses-heres-how; Kottasová. "UK Government Says Brexit Deal Will Hurt Economy." CNN. November 28, 2018. November 28, 2018. https://www.cnn.com/2018/11/28/economy/brexit-economic-impact/index.html.

36. Barnes. "Nuns Improperly Took as Much as $500,000." Daily Breeze. December 5, 2018. https://www.dailybreeze.com/2018/12/05/nuns-improperly-took-as-much-as-500000-from-torrance-catholic-school/; Barnes; Barnes; Barnes; Barnes; Barnes; Barnes; Barnes.

37. Puente, Mandell, Alexander. "Worst Flub in Oscar History." USA Today. February 28, 2018. https://www.usatoday.com/story/life/2018/02/28/we-were-there-how-worst-flub-oscar-history-went-down/377305002/; Puente, Mandell, Alexander; Hayden, "Oscars Accountants Apologize for Snafu." Hollywood Reporter. February 27, 2017. https://www.hollywoodreporter.com/news/oscars-wesincerely-apologize-moonlight-la-la-land-accounting-firm-says-980846;Hayden.

38. Yasharoff. "Williams Felt 'Paralyzed' After Learning of Pay Gap." USA Today. April 2, 2019. https://www.usatoday.com/story/life/people/2019/04/02/michelle-williams-felt-paralyzed-over-mark-wahlberg-pay-gap-news/3345072002/; Stefansky. "Wahlberg Donated Hefty Re-shoot Salary to Time's Up." Vanity Fair. January 14, 2018. https://www.vanityfair.com/hollywood/2018/01/mark-wahlberg-donated-his-hefty-all-the-money-in-the-world-reshoot-salary-to-times-up-michelle-williams; Stefansky; Daly. "Wahlberg Gives Reshoot Fee to Time's Up Campaign." NME. January 13, 2018. https://www.nme.com/news/film/mark-wahlberg-gives-money-world-reshoot-fee-times-campaign-2219117#rexStpsEYw3OOOao.99.

39. Sblendorio, "Letterman Compared Affair Fallout to Car Crash." Daily News. April 11, 2017. https://www.nydailynews.com/entertainment/tv/david-letterman-worried-affairs-destroy-family-article-1.3044381; James and Goldwert. "Letterman Reveals Extortion Plot." ABC News. October 1, 2009. https://abcnews.go.com/Entertainment/david-letterman-admits-sexual-affairs-staffers-details-extortion/story?id=8728424; Katz. "Letterman Shocking Admission." CBS News. October 1, 2009. https://www.cbsnews.com/news/david-letterman-shocking-admission-office-sex-affairs-led-to-2m-extortion-plot/; Katz; James and Goldwert, "Lettermen."

40. Hinton. "Calloway Discusses Homophobic Facebook Posts." Chicago Sun Times. March 24, 2019. https://chicago.suntimes.com/2019/3/24/18376266/5th-ward-candidate-calloway-discusses-past-homophobic-facebook-posts; Hinton; Hinton.

41. Pasquini. "Tourists May Face Death Penalty for Taking Photos." People. April 5, 2019. https://people.com/travel/tourists-may-face-death-penalty-selfies-phuket-beach/; Fleetwood. "News of 'Death Penalty' for Selfies Labelled 'Fake.'" Travel Weekly. April 11, 2019. http://www.travelweekly.com.au/article/news-of-death-penalty-for-thai-airport-selfies-labelled-fake/; Fleetwood; The Thaiger. "Fake News Goes Viral." April 9, 2019. https://thethaiger.com/hot-news/fake-news-goes-viral-about-death-sentence-for-phuket-airport-selfies.

42. Cohen. "Missile Threat for Hawaii a False Alarm." CNN. January 14, 2018. https://www.cnn.com/2018/01/13/politics/hawaii-missile-threat-false-alarm/index.html; Berman and Fung. "Hawaii's Fake Missile Alert." Washington Post. January 30, 2018. https://www.washingtonpost.com/news/the-switch/wp/2018/01/30/heres-what-went-wrong-with-that-hawaii-missile-alert-the-fcc-says/?utm_term=.ba76117328af; Cohen, "Missile."; Berman and Fung, "Hawaii's."; Andrews. "Hawaii Governor Didn't Know His Twitter Password." Washington Post. January 23,

2018. https://www.washingtonpost.com/news/morning-mix/wp/2018/01/23/hawaii-governor-didnt-correct-false-missile-alert-sooner-because-he-didnt-know-his-twitter-password/?utm_term=.00dd9a8f85ce; Cohen, "Missile."; Berman and Fung, "Hawaii's." Berman and Fung, "Hawaii's."; BBC News. "False Alarm Sparks Panic." January 14, 2018. https://www.bbc.com/news/world-us-canada-42677604.

43. Sutherland. "GE's $23 Billion Write-down." Bloomberg Business Week. October 22, 2018. https://www.bloomberg.com/news/articles/2018-10-22/ge-s-23-billion-writedown-stems-from-a-bad-bet-on-fossil-fuels; Shumsky. "GE's $22 Billion Charge." Wall Street Journal. October 30, 2018. https://www.wsj.com/articles/ges-22-billion-charge-intensifies-regulatory-scrutiny-1540942603; Shumsky; Shumsky; Biers. Phys.org. "General Electric Reports Huge Loss." October 30, 2018. https://phys.org/news/2018-10-electric-3q-loss-bn-dividend.html.

44. Collier. "ExxonMobil Ordered to Pay $20 million." Texas Tribune. April 27, 2017. https://www.texastribune.org/2017/04/27/exxonmobil-ordered-pay-20-million-excess-air-pollution/; Collier; Egan. "Exxon Released 10 Million Pounds of Air Pollution." CNN. April 27, 2017. https://money.cnn.com/2017/04/27/investing/exxon-fined-pollution-texas/index.html?section=money_

markets&utm_source=feedburner&utm_medium=feed&utm_campaign=Feed%3A+rss%2Fmoney_markets+%28CNNMoney%3A+Markets%29; Egan, "Exxon."

45. Sandberg and Goldberg. "Netflix Fires PR Chief." Hollywood Reporter. June 22, 2018. https://www.hollywoodreporter.com/live-feed/jonathan-friedland-exits-netflix-1122675; Sandberg and Goldberg, "Netflix."; Sandberg and Goldberg; Sandberg and Goldberg.

46. Nossiter and Breeden. "Fire Mauls Notre-DameCathedral." New York Times. April 15, 2019. https://www.nytimes.com/2019/04/15/world/europe/notre-dame-fire.html; Bennhold and Glanz. "Notre-Dame's Safety Planners Underestimated Risk." New York Times. April 19, 2019. https://www.nytimes.com/2019/04/19/world/europe/notre-dame-fire-safety.html?action=click&module=inline&pgtype=Homepage;Bennhold and Glanz; Bennhold and Glanz; Matthews. "What Will It Take to Rebuild Notre-Dame Cathedral?" AFAR. April 18, 2019. https://www.afar.com/magazine/what-will-it-take-to-rebuild-notre-dame-cathedral; Ott. "Why It Could Take 40 Years to Rebuild Notre Dame." CBS News. April 16, 2019. https://www.cbsnews.com/news/notre-dame-cathedral-rebuild-in-paris-could-take-40-years/.

47. Hicks. "Flooding Halts Shipping along Mississippi River." Fox News. May 31, 2019. https://www.

foxnews.com/weather/midwest-farmers-in-limbo-as-flooding-halts-traffic-along-mississippi-river; Hicks; Newman and Bunge. "Floods Swamp US Farm Belt." Wall Street Journal. May 23, 2019. https://www.wsj.com/articles/ floods-swamp-u-s-farm-belt-11558603802.

48. Strom. "Chipotle Food-Safety Issues Drag Down Profits." New York Times. February 3, 2016. https://www.nytimes.com/2016/02/03/business/chipotle-food-safety-illness-investigation-earnings.html?rref=collection%2Fbyline%2Fstephanie-strom&module=inline; Yaffe-Bellany. "Chipotle Recovers Strongly." New York Times. July 23, 2019. https://www.nytimes.com/2019/07/23/business/chipotle-stock-earnings.html; Bomey and Meyer. "Chipotle to Retrain All Workers on Food Safety." USA Today. August 16, 2018. https://www.usatoday.com/story/money/2018/08/16/chipotle-mexican-grill-food-safety-retraining/1008398002/; Rosenberg. "More than 600 People Got Sick After Eating at One Chipotle." Washington Post. August 7, 2018. https://www.washingtonpost.com/news/food/wp/2018/08/07/more-than-600-people-got-sick-after-eating-at-one-chipotle-health-officials-dont-know-why-yet/; Bomey. "Chipotle Reopens Ohio Restaurant." USA Today. August 1, 2018. https://www.usatoday.com/story/money/2018/07/31/chipotle-closes-ohio-restaurant/869779002/; Luna. "Chipotle Employees to

Be Tested Quarterly on Food Safety." Nation's Restaurant News. August 21, 2018. https://www.nrn.com/operations/chipotle-employees-be-tested-quarterly-food-safety.

49. Adams. "Homeless Man and Couple Charged in GoFundMe Scam." People. November 15, 2018. https://people.com/human-interest/homeless-man-gofundme-couple-scam/; Garcia and Haag. "Homeless Veteran Will Get Money Raised for Him." New York Times. September 6, 2018. https://www.nytimes.com/2018/09/06/us/gofundme-homeless-man.html; Associated Press. "Donors in Alleged Homeless Scam Refunded." Chicago Sun Times. December 25, 2018. https://chicago.suntimes.com/2018/12/25/18345436/donors-in-alleged-homeless-scam-refunded-gofundme-says; Gosk and Ferguson. "GoFundMe Has Answer for Fraud." NBC News. April 8, 2019. https://www.nbcnews.com/news/us-news/after-new-jersey-scam-gofundme-says-it-has-answer-fraud-n992086; Associated Press, "Donors."; Gosk and Ferguson, "GoFundMe."

50. Reuters. "AOC Slams Funding Cuts." November 26, 2018. https://www.reuters.com/article/usolympics-australia-funding/olympics-aoc-slams-funding-cuts-for-minor-sports-ahead-of-tokyo-idUSKCN1NV0AC; Reuters; Reuters; Reuters; Reuters.

51. Malcolm. "Barack Obama Wants to Be President of These 57 United States." Top of the Ticket. [blog].

Los Angeles Times. May 9, 2009. https://latimesblogs.latimes.com/washington/2008/05/barack-obama-wa.html; Malcolm.

52. CBS News. "Utility Responds After Deadly Gas Explosions." September 14, 2018. https://www.cbsnews.com/news/gas-explosions-massachusetts-evacuations-lawrence-andover-columbia-gas-today-2018-09-14/; Rocheleau and Valencia. "Columbia Gas Has a Plan for Speedy Pipe Replacement." September 19, 2018. https://www.bostonglobe.com/metro/2018/09/19/gas-company-plan-for-speedy-replacement-work-raises-safety-fears/U84HWSti6FPoBOGJyU7tuM/story.html; Rocheleau and Valencia; Rocheleau and Valencia; Ackley. Gas Safety USA. Email interview with Edward Segal. July 25, 2019. Ackley, Interview; NiSource. "Columbia GasCommits to Complete Replacement of Merrimack Valley Gas Distribution System." September

16. 2018. https://www.prnewswire.com/news-releases/columbia-gas-of-massachusetts-commits-to-complete-replacement-of-merrimack-valley-gas-distribution-system-300713444.html.

53. DW. "EU Hails Social Media Crackdown on Hate Speech." Accessed August 7, 2019. https://www.dw.com/en/eu-hails-social-media-crackdown-on-hate-speech/a-47354465; DW; Aljazeera

English. "France Online Hate Speech Law." July 10, 2019. https://www.aljazeera.com/news/2019/07/france-online-hate-speech-law-puts-pressure-social-media-sites-190710070342024.html; Escritt. "Germany Fines Facebook." Reuters. July 2, 2019. https://www.reuters.com/article/us-facebook-germany-fine/germany-fines-facebook-for-under-reporting-complaints-idUSKCN1TX1IC; DW. "EU Hails Social Media Crackdown."

54. McLaughlin. "Man Who Took Hostages Killed by Police." CNN. January 14, 2019. https://www.cnn.com/2019/01/14/us/ups-active-shooter-logan-township-new-jersey/index.html; NBC10 Staff. "Gunman Killed; Hostages Safe." NBC10. January 14, 2019. https://www.nbcphiladelphia.com/news/local/Logan-Township-Police-Warehouse-504317181.html; Premack. "Hostage Situation Has Ended." Business Insider. January 14, 2019. https://www.businessinsider.com/active-shooter-ups-facility-logan-township-nj-2019-1.; Premack; Premack.

55. Fallon. "Griffin 'Decapitated' Trump. Will Hollywood Welcome Her Back?" The Daily Beast. March 12, 2019. https://www.thedailybeast.com/kathy-griffin-decapitated-donald-trump-will-hollywood-welcome-her-back; Reuters. "CNN Fires Griffin." CNN. May 31, 2017. https://www.newsweek.com/kathy-griffin-donald-trump-severed-head-photo-cnn-fired-barron-trump-

melania-618612.

56. New York Times. "Cyclone Fani Hits India." May 2, 2019. https://www.nytimes.com/2019/05/02/world/asia/india-cyclone-fani.html; The Conversation. "India's CycloneRecovery Offers Lessons." May 13, 2019. http://theconversation.com/indias-cyclone-fani-recovery-offers-the-world-lessons-in-disaster-preparedness-116870;The Conversation; The Conversation; Woodward and Associated Press. "India Preparing for Record-Breaking Cyclone." May 2, 2019. https://www.businessinsider.com/india-prepares-for-extremely-severe-bay-of-bengal-cyclone-2019-5; The Conversation. "India's Cyclone." The Conversation. "India's Cyclone."

57. Gates and Ramseth. "Koch Foods: Mississippi ICE Raid Search Illegal." Clarion Ledger. September 4, 2019. https://www.clarionledger.com/story/news/politics/2019/09/04/mississippi-ice-raid-koch-foods-illegal-search-undocumented-workers/2207811001/;Gates and Ramseth; Editorial Board. "Federal Agents Are Enforcing E-Verify againstEmployees—But Not Businesses." Washington Post. September 25, 2019. https://www.washingtonpost.com/opinions/federal-agents-are-enforcing-e-verify-against-employees--but-not-businesses/2019/09/25/8b1ba7c6-dbf6-11e9-ac63-3016711543fe_story.html; Gates and Ramseth. "Koch Foods."; Gates and Ramseth; Gates

and Ramseth; Gates and Ramseth; Gates and Ramseth.

58. Wolfson. "Ambien Maker Responds to Roseanne Barr." The Guardian. May 30, 2018. https://www.theguardian.com/culture/2018/may/30/roseanne-ambien-racism-tweet-side-effect-response-sanofi;Mazza. "Roseanne Gets Brutal Wakeup Call." Huff Post.May 30, 2018. https://www.huffpost.com/entry/roseanne-ambien-defense_n_5b0e471ae4b0802d69cf87b9; Mazza; Woodson, "Ambien."

59. Craig and Taddeo. "Criminal Charges against Rochester Drug Company." Democrat and Chronicle. April 23, 2019. https://www.democratandchronicle.com/story/news/2019/04/23/rochester-drug-cooperative-20-million-opioid-distribution-drug-enforcement-administration/791689002; NPR. "Rochester Drug Cooperative Faces Federal Criminal Charges." April 23, 2019. https://www.npr.org/2019/04/23/716478908/rochester-drug-cooperative-faces-federal-criminal-charges-
over-role-in-opioid-ep; Craig and Taddeo, "Criminal."; Craig and Taddeo, "Criminal."

60. Fernández. "News Anchors Say Bosses Are Grooming Younger Women to Take Their Jobs." Vox. June 20, 2019. https://www.vox.com/2019/6/20/18691881/ny1-anchors-sue-age-discrimination;

Fernández; Fernández; Fernández.

61. Boudette. "GM to Idle Plants and Cut Thousands of Jobs." New York Times. November 26, 2018. https://www.nytimes.com/2018/11/26/business/general-motors-cutbacks.html; Boudette; General Motors. "General Motors Accelerates Transformation." November 26, 2018. https://media.gm.com/media/us/en/gm/home.detail.html/content/Pages/news/us/en/2018/nov/1126-gm.html; General Motors.

62. Dishman. "Best and Worst Leaders of 2018." Fast Company. December 19, 2018. https://www.fastcompany.com/90278934/these-are-the-best-and-worst-leaders-of-2018; Grothaus. "Elon Musk Talks Pot." Fast Company. December 10, 2018; https://www.fastcompany.com/90278810/elon-musk-talks-pot-the-sec-and-twitter-flame-wars; Grothaus; Grothaus.

63. Kolodny. "Here's the Email Tesla Sent Employees." CNBC. May 3, 2019. https://www.cnbc.com/2019/05/03/tesla-email-warns-employees-stop-leaking.html; Kolodny; Kolodny.

64. Surur. "Microsoft's Cloud Hit by Lightning." MS Power User. September 4, 2018. https://mspoweruser.com/microsofts-cloud-hit-by-lightning/;Service Blog Postmortem. "VS Marketplace outage – 4 September 24, 2018." Service Blog - Azure DevOps. September 24, 2018.

https://devblogs.microsoft.com/devopsservice/?p=17535; Service Blog Postmortem; Foley. "Microsoft Datacenter Outages." ZD Net. September 4, 2018. https://www.zdnet.com/article/microsoft-south-central-u-s-datacenter-outage-takes-down-a-number-of-cloud-services/;Service Blog Postmortem.

65. CNN Money Staff. "Volkswagen Scandal." CNN. November 25, 2015. https://money.cnn.com/2015/09/28/news/companies/volkswagen-scandal-two-minutes/index.html; Glinton. "How Little Lab In West Virginia Caught Volkswagen's Big Cheat." NPR. September 24, 2015. https://www.npr.org/2015/09/24/443053672/how-a-little-lab-in-west-virginia-caught-volkswagens-big-cheat; CNN Money Staff, "Volkswagen Scandal."; O'Kane. "CEO Blames Software Engineers." The Verge. October 8, 2015. https://www.theverge.com/2015/10/8/9481651/volkswagen-congressional-hearing-diesel-scandal-fault; D'Orazio. "Volkswagen Apologizes for Emissions Scandal." The Verge. November 15, 2015.https://www.theverge.com/transportation/2015/11/15/9739960/volkswagen-apologizes-with-full-page-ad-in-dozens-of-newspapers; D'Orazio, "Volkswagen."

66. Roberts. "YouTube Flagged Notre Dame Fire Videos as a Conspiracy." People. April 15, 2019.

https://people.com/travel/notre-dame-cathedral-fire-youtube-allegedly-flags-fake-september-11-videos/;Rogers. "YouTube Slammed." Fox News. April 15, 2019. https://www.foxnews.com/tech/notre-dame-fire-youtube-slammed-after-live-footage-appears-with-link-to-9-11-info;Roberts,"YouTube."

67. Nittle. "Gucci Is Latest Fashion Brand to Spark Blackface Controversy." Vox. February 12, 2019. https://www.vox.com/the-goods/2019/2/7/18215671/gucci-blackface-sweater-apology-prada-virginia; Nittle; Held. "Gucci Apologizes." NPR. February 7, 2019.https://www.npr.org/2019/02/07/692314950/gucci-apologizes-and-removes-sweater-following-blackface-backlash; Held.

68. Wilson and Cain. "Northam Admits He Posed in Yearbook Photo." February 1, 2019. Richmond Times-Dispatch. https://www.richmond.com/news/virginia/government-politics/virginia-gov-ralph-northam-admits-he-posed-in-yearbook-photo/article_c29e0f55-6284-5bde-8d93-8804ad507d5d.html; Wilson and Cain; Moomaw. "Northam Denies He's in Racist Yearbook Photo." Richmond Times-Dispatch. February 2, 2019. https://www.richmond.com/news/virginia/government-politics/general-assembly/resisting-calls-to-resign-northam-denies-he-s-in-racist/

article_f75d342d-e028-586e-8631-70d52424d604.html; Moomaw; Schneider and Vozzella. "How Northam Made Blackface Scandal Even Worse." Washington Post. May 26, 2019. https://www.washingtonpost.com/local/virginia-politics/how-va-gov-ralph-northam-and-aides-made-his-blackface-scandal-even-worse/2019/05/25/9a096912-7da0-11e9-8ede-f4abf521ef17_story.html.

69. Arkin. "Metropolitan Museum of Art Will No Longer Accept Gifts from Sackler Family." CNBC. June 11, 2019. https://www.cnbc.com/2019/05/16/metropolitan-museum-of-art-says-it-will-no-longer-accept-gifts-from-sackler-family.html; Harris. "Met Will Turn Down Sackler Money." New York Times. May 15, 2019. https://www.nytimes.com/2019/05/15/arts/design/met-museum-sackler-opioids.html; Harris, "Met."; Harris, "Met."

70. Schreir. "IGN Pulls Review." Kotaku. August 7, 2018. https://kotaku.com/ign-pulls-review-after-plagiarism-accusations-1828157939; Schreir. "IGN Pulls Ex-Editor's Posts." Kotaku. August 15, 2018. https://kotaku.com/ign-pulls-ex-editors-posts-after-dozens-more-plagiarism-1828357792; Schreir; Fogel. "IGN Fires Editor." Variety. August 15, 2018. https://variety.com/2018/gaming/news/ign-filip-miucin-plagiarism-1202906110/; Cooper. "Former IGN Editor Admits to Plagiarism."

Gamerant. April 22, 2019. https://gamerant.com/ign-plagiarism-dead-cells-filip-miucin-apology-video/.

71. 2 CBS New York. "NYC Blackout." July 14, 2019. https://newyork.cbslocal.com/2019/07/14/new-york-city-power-outage-cause/; Con Edison. "Con Edison Working to Restore Power." July 13, 2019. https://www.coned.com/en/about-us/media-center/news/20190713/con-edison-working-to-restore-power-on-west-side-of-manhattan; Con Edison; Con Edison; Con Edison; Con Edison; Con Edison; 2 CBS News New York, "NYC Blackout."

72. Bever. "Teens Are Daring Each Other to Eat Tide Pods." Washington Post. January 17, 2018. https://www.washingtonpost.com/news/to-your-health/wp/2018/01/13/teens-are-daring-each-other-toeat-tide-pods-we-dont-need-to-tell-you-thats-a-bad-idea/?utm_term=.45985e41ad03. Ohlheiser. "YouTube's Now Banned Dangerous Pranks." Washington Post. January 17, 2019. https://www.washingtonpost.com/technology/2019/01/17/youtubes-now-banned-dangerous-pranks-were-problem-long-before-bird-box-challenge/; Ohlheiser; Detrick. "4 Ways P&G Is Trying to Stop People from Eating TidePods." Fortune. January 22, 2018. https://fortune.com/2018/01/22/pg-stop-eating-tide-pods/. Desantis. "YouTube Banning Prank and

Challenge Videos." Daily News. January 16, 2019. https://www.nydailynews.com/news/national/ny-news-youtube-banning-dangerous-videos-20190116-story.html; Ohlheiser, "YouTube's"; YouTube Help. "Dangerous Challenges and Pranks Enforcement Update." YouTube. January 28, 2019. https://support.google.com/youtube/thread/1063345?hl=en.

73. McLaughlin and Benmeleh. "Teva Orchestrated Price Fixing Scheme." Philadelphia Inquirer. May 13, 2019. https://www.inquirer.com/business/generics-teva-pennsylvania-new-jersey-drugs-price-fixing-20190513.html; McLaughlin and Benmeleh.

74. Leonard. "Mylan's CEO Hit over Multi-MillionDollar Salary." US News & World Report. September 21, 2016. https://www.usnews.com/news/articles/2016-09-21/mylan-head-defends-epipen-price-gouging-in-capitol-hearing; Leonard; Cohen. "Mylan Complains of Overpriced Drugs." Science. August 3, 2018. https://www.sciencemag.org/news/2018/08/mylan-lambasted-epipen-price-hikes-complains-overpriced-anti-hiv-drugs-us; Lopez and Ramsey. "Congress Railed on Maker of EpiPen." Business Insider. September21, 2016. https://www.businessinsider.com/mylan-ceo-heather-bresch-house-oversight-committee-hearing-epipen-2016-9.

75. Consumer Reports. "Samsung Stops Making Galaxy Note7." October 10, 2016. https://www.

consumerreports.org/smartphones/samsung-stops-making-galaxy-note7-smartphone/; Hollister. "Why Note 7 Phones are Catching Fire." CNET. October 10, 2016. https://www.cnet.com/news/why-is-samsung-galaxy-note-7-exploding-overheating/; Gikas and Beilinson. "New Details about Note7 Battery Failures." Consumer Reports. January 22, 2017. https://www.consumerreports.org/smartphones/samsung-investigation-new-details-note7-battery-failures/; Gikas and Beilinson; Gikas and Beilinson; Gikas and Beilinson.

76. Sansom. "Christians Protest McJesus Sculpture." The Art Newspaper. January 14, 2019. https://www.theartnewspaper.com/news/hundreds-of-christians-protest-against-jani-leinonen-s-mcjesus-sculpture-at-haifa-museum-of-art-in-israel;Dwyer. " 'McJesus'Sculpture to Be Pulled from Museum." NPR. January 15, 2019. https://www.npr.org/2019/01/17/686199231/mcjesus-sculpture-to-be-pulled-from-israeli-museum-after-violent-protests; Dwyer; Dwyer; Dwyer; Brice-Saddler. "Sculpture of Ronald McDonald Ignites Clashes in Israel." Washington Post. January 15, 2019. https://www.washingtonpost.com/world/2019/01/15/sculpture-ronald-mcdonald-cross-ignites-violent-clahes-israel/?utm_term=.66f79d482915.

77. Szalai and Strause. "Smollett 'Staged' Attack, Say Police." Hollywood Reporter. February 21, 2019.

https://www.hollywoodreporter.com/news/jussie-smollett-under-arrest-custody-chicago-police-say-1188635; Bosman and Deb. "Smollett's Charges Are Dropped." New York Times. March 26, 2019. https://www.nytimes.com/2019/03/26/arts/television/jussie- smollett-charges-dropped.html; Szalai and Strause. "Smollett"; Fieldstadt and Blankstein. "Smollett Arrested for Allegedly Making Up Hate-Crime Attack." NBC News. February 21, 2019. https://www.nbcnews.com/news/us-news/chicago-police-jussie-smollett-considered-suspect-his-report-hate-crime-n973036;Albert. "Smollett Staged Attack as 'Publicity Stunt.'" Daily Beast. February 21, 2019. https://www.thedailybeast.com/jussie-smollett-staged-attack-as-publicity-stunt-over-salary-police; Szalai and Strause, "Smollett."

78. Stewart. "Hackers Holding Baltimore's Computers Hostage." Vox. May 21, 2019. https://www.vox.com/recode/2019/5/21/18634505/baltimore-ransom-robbinhood-mayor-jack-young-hackers; Stewart; Sussman. "This Is Why We Didn't Pay." Secure World. June 12, 2019. https://www.secureworldexpo.com/industry-news/baltimore-ransomware-attack-2019; Reutter, "Ransomeware." Baltimore Brew. May 7, 2019. https://www.baltimorebrew.com/2019/05/07/ransomware-attack-disables-baltimores-city-government-computers-spares-essential-services/;

Warren. "FBI Investigating Baltimore City Ransomware Attack." WJZ13 CBS Baltimore. May 10, 2019. https://baltimore.cbslocal.com/2019/05/10/fbi-investigating-baltimore-city-ransomware-attack/; Warren; Warren.

79. Union Pacific. "Union Pacific Redesigns Marketing & Sales Organization." September 15, 2017. https://www.up.com/media/releases/170915-marketing-redesign.htm; Union Pacific; Union Pacific; Union Pacific.

80. Kirsch. "Papa John's Founder Used N-Word on Conference Call." Forbes. July 11, 2018. https://www.forbes.com/sites/noahkirsch/2018/07/11/papa-johns-founder-john-schnatter-allegedly-used-n-word-on-conference-call/#4cbf0b4f4cfc; Kirsch; Harten. "Schnatter Resigns After Apologizing for Racial Slur." USA Today. July 12, 2018. https://www.usatoday.com/story/money/nation-now/2018/07/11/papa-johns-john-schnatter-resigns/777891002/; Helm. "Schnatter Says He Was 'Pushed' to Use N-Word." The Root. July 14, 2018. https://www.theroot.com/papa-john-schnatter-says-he-was-pushed-to-use-the-n-w-1827599519; Meyersohn. "Papa John's Founder Resigns." CNN. July 12, 2018. https://money.cnn.com/2018/07/11/news/companies/papa-johns-pizza-john-schnatter/index.html?iid=EL; Whitten. "Schnatter Apologizes for Using N-Word."

CNBC. July 11, 2018. https://www.cnbc.com/2018/07/11/papa-johns-shares-crater-after-report-that-founder-used-a-n-word. html; Stier. "Papa John Says He Was 'Pressured' to Use N-Word." New York Post. July 13, 2018. https://nypost.com/2018/07/13/papa-john-says-he-was-pressured-to-use-n-word-during-conference-call/.

81. Puhak. "Disney World Slams Rumor." Fox News. June 29, 2019. https://www.foxnews.com/travel/disney-world-slams-rumor-attraction-replaced.;Puhak, "Disney."

82. Day, Turner, and Drozdiak. "Amazon Workers Are Listening." Bloomberg. April 10, 2019. https://www.bloomberg.com/news/articles/2019-04-10/is-anyone-listening-to-you-on-alexa-a-global-team-reviews-audio; Day, Turner, and Drozdiak; Day, Turner, and Drozdiak.

83. Li. "CBS Fires CEO Leslie Moonves." Reuters. December 17, 2018. https://www.reuters.com/article/us-cbs-moonves/cbs-fires-ceo-leslie-moonves-and-denies-120-million-severance-idUSKBN1OG2F4; Li; Li; Li; Li; Li.

84. Californians for Home Ownership. "Our Work." Accessed August 8, 2019. https://www.caforhomes.org/work; Salam. "Gavin Newsom's Big Idea." The Atlantic. February 15, 2019. https://www.theatlantic.com/ideas/archive/2019/02/governor-newsom-addresses-californias-housing-

crisis/582892/; California Association of Realtors. "C.A.R. 2019 Legislative Priorities." Accessed August 8, 2019. https://www.car.org/aboutus/mediacenter/newsreleases/2019releases/legagenda; California Association of Realtors, "C.A.R."; Californians for Home Ownership. "Our Work."; CCRE Center for California Real Estate. Accessed August 8, 2019. http://centerforcaliforniarealestate.org/; California Association of Realtors, "C.A.R."; California Association of Realtors, "C.A.R."

85. Swarns. "272 Slaves Were Sold to Save Georgetown." New York Times. April 16, 2016. https://www.nytimes.com/2016/04/17/us/georgetown-university-search-for-slave-descendants.html; TRT World. "Universities Come Face-to-Face with Racist Past." May 13, 2019. https://www.trtworld.com/magazine/british-and-american-universities-come-face-to-face-with-their-racist-past-26600; Catholic News Service. "University, Jesuits Apologize." April 19, 2017. https://www.catholicnews.com/services/englishnews/2017/georgetown-university-jesuits-apologize-for-roles-in-sale-of-slaves.cfm; TRT World, "Universities."

86. Pomranz. "Why Are Hershey's Kisses Suddenly Missing Tips?" Food & Wine. December 20, 2018. https://www.foodandwine.com/news/hersheys-kisses-missing-tips-2018; Pomranz, "Why.";

Caron. "Some Hershey's Kisses Are Missing Tips." New York Times. December 22, 2018. https://www.nytimes.com/2018/12/22/business/hershey-kisses-broken-tips.html?module=inline; Caron, "Some."; Caron, "Some."; Caron, "Some."; Caron, "Some."

87. Saul and Cohen. "Profitable Giants Pay $0 in Corporate Taxes." New York Times. April 29, 2019. https://www.nytimes.com/2019/04/29/us/politics/democrats-taxes-2020.html; Myers. "60 Companies Paid $0 Taxes." Yahoo Finance. April 12, 2019. https://finance.yahoo.com/news/companies-paying-zero-taxes-trump-law-155944124.html; Bose. "Biden Criticizes Amazon for Not Paying Taxes." Reuters. June 13, 2019. https://ca.reuters.com/article/technologyNews/idCAKCN1TE3BZ-OCATC; CNN. "Amazon: 'We Pay Every Penny We Owe.' " WRAL Tech Wire. June 14, 2019. https://www.wraltechwire.com/2019/06/14/amazon-to-joe-biden-on-taxes-we-pay-every-penny-we-owe/; Bose, "Biden."

88. McKirdy, et al. "Attack Death Toll Rises to 290." CNN. June 21, 2019. https://www.cnn.com/asia/live-news/sri-lanka-easter-sunday-explosions-dle-intl/index.html; Gettleman, Mashal, and Bastians. "Sri Lanka Authorities Were Warned." New York Times. April 22, 2019. https://www.nytimes.com/2019/04/29/world/asia/sri-lanka-attack-warning.html; Oliver. "Sri Lanka Hotels

Grapple with Cancellations." USA Today. April 26, 2019. https://www.usatoday.com/story/travel/hotels/2019/04/26/sri-lanka-hotels-cancellations-tourism-after-bombing-attack/3576016002/; Oliver; Oliver; Oliver.

89. Lane. "Dems Challenge Bank CEOs." The Hill. April 10, 2019. https://thehill.com/policy/finance/438263-dems-challenge-bank-ceos-on-post-crisis-reforms;Lane; Lane; Merle. "CEOs of Mega Banks Challenged." Washington Post. April 15, 2019. https://www.washingtonpost.com/business/2019/04/10/ceos-mega-banks-will-testify-before-house-committee-heres-what-expect/?utm_term=.b780de0c7b2b; Merle.

90. Oldham, et al. "Woman Sought in Columbine Threats Is Dead." Washington Post. April 17, 2019. https://www.washingtonpost.com/education/2019/04/17/unnerving-search-continues-armed-year-old-woman-deemed-threat-columbine-high-school/?utm_term=.e197fef61f9e; Oldham, et al.; Oldham, et al.; Turkewitz and Healy. " 'Infatuated' with Columbine." New York Times. April 17, 2019. https://www.nytimes.com/2019/04/17/us/columbine-shooting-sol-pais.html; Oldham, "Woman."

91. Graham and Buie. "Apple Sued by More iPhone Owners." USA Today. December 22, 2017. https://

www.usatoday.com/story/tech/talkingtech/2017/12/21/apple-sued-iphone-owners-over-software-slowed-older-phones/974846001/; Graham and Buie; Grahamand Buie; "iPhone Battery and Performance." Accessed August 8, 2019. Apple. https://support.apple.com/en-us/HT208387; Nellis. "Apple Apologizes." Reuters. December 28, 2017. https://www.reuters.com/article/us-apple-batteries/apple-apologizes-after-outcry-over-slowed-iphones-idUSKBN1EM20N.

92. Reuters. "China Starts New Recycling Drive." January 14, 2019. https://www.reuters.com/article/us-china-waste/china-starts-new-recycling-drive-as-foreign-trash-ban-widens-idUSKCN1P90A1; Reuters; Reuters; Reuters; Reuters; Reuters.

93. Koblin. "After Racist Tweet, Barr's Show Is Canceled." New York Times. May 29, 2018. https://www.nytimes.com/2018/05/29/business/media/roseanne-barr-offensive-tweets.html; Nyren. "Barr Returns to Twitter." Variety. May 29, 2018.https://variety.com/2018/biz/news/roseanne-barr-returns-twitter-1202824991/; Duster, Atkinson, and Johnson. "Barr Blames Racist Tweet on Ambien." NBC News. May 30, 2018. https://www.nbcnews.com/news/nbcblk/roseanne-barr-apologizes-tweet-comparing-obama-adviser-ape-n878171; Hipes. "Roseanne Cancellation the Right Thing." Deadline Hollywood News. May 29, 2018. https://deadline.com/2018/05/roseanne-

canceled-bob-iger-reaction-disney-abc-1202399276/; Hipes.

94. O'Donoghue. "South African Election." Breaking News. April 16, 2019. https://www.breakingnews.ie/discover/bizarre-south-african-election-campaign-sees-cork-city-suburb-get-international-attention-918172.html; PoliticsWeb. "Billboard Blunder." April 16, 2019. https://www.politicsweb.co.za/news-and-analysis/anc-billboard-blunder-in-nmb-minor; PoliticsWeb; PoliticsWeb.

95. Goldstein. "Bumping and Beating of Dr. Dao." Forbes. December 20, 2017. https://www .forbes.com/sites/michaelgoldstein/2017/12/20/biggest-travel-story-of-2017-the-bumping-and-beating-of-doctor-david-dao/#34a63c2ef61f; Goldstein; Goldstein;Goldstein; Andrews. "Dragging Incident Produces Firings, Suspensions." Washington Post. October 17, 2017. https://www.washingtonpost.com/news/morning-mix/wp/ 2017 /10 /17 /united-airlines-dragging-incident-that-went-viral-produces-firings-suspensions-of -officers/?utm_term=.be831b4a7dbd; Zhang. "United Promising toMake Changes." Business Insider. April 13, 2017. https://www.businessinsider.com/united-airlines-major-changes-response-dao-2017-4.

96. Consumer Product Safety Commission. "Fisher-Price Recalls Rock 'n Play Sleepers." Accessed August 8, 2019. https://www.cpsc.gov/Recalls/2019/fisher-price-recalls-rock-n-play-sleepers-

due-to-reports-of-deaths; Consumer Product Safety Commission; Hsu. "Safety Fears and Dubious Marketing." New York Times. April 19, 2019. https://www.nytimes.com/2019/04/19/business/fisher-price-recall.html; Fisher-Price.Child Safety Is Our Priority. "Rock 'n Play Sleeper Product Recall." Accessed August 8, 2019. https://fisher-pricesafety.com/.

97. Boyd. "CU Denver Helps Pentagon Battle Threat Posed by Deepfakes."4 CBS Denver. July 17, 2019. https://denver.cbslocal.com/2019/07/17/deepfakes-university-colorado-denver-artificial-intelligence/; Kelly. "Congress Grapples with How to Regulate Deepfakes." The Verge. June 13, 2019. https://www.theverge.com/2019/6/13/18677847/deep-fakes-regulation-facebook-adam-schiff-congress-artificial-intelligence; Kelly; Farrell. "Warning Sign of Things to Come." Silicon Angle. June 12, 2019. https://siliconangle.com/2019/06/12/deep-fake-video-mark-zuckerberg-used-warning-sign-things-come/; Ortutay. "Facebook Evaluating Deepfake Video Policy." Boston Globe. June 27, 2019. https://www.bostonglobe.com/metro/2019/06/27/mark-zuckerberg-says-facebook-evaluating-deepfake-video-policy/uhwq7UUI YSHmexp7GmAd6J/story.html; Harwell. "Researchers Race to Detect 'Deepfake' Videos." Washington Post. June 12, 2019. https://www.washingtonpost.com/tech nology /2019/06/12/top-ai-researchers-race-detect-deepfake-

videos-we-are-outgunned/?utm_term=.463c03cdfc09.

98. CBS This Morning. "Airline Mechanics Feel Pressured." February 4, 2019. https://www.cbsnews.com/news/airline-mechanics-feel-pressured-by-managers-to-overlook-potential-safety-problems-cbs-news-investigation/; CBS This Morning; CBS This Morning.

99. National Geographic. "Wildfires, Explained." Accessed August 8, 2019. https://www.nationalgeographic.com/environment/natural-disasters/wildfires/Wikipedia. "Tubbs Fire." Accessed August 8, 2019. https://en.m.wikipedia.org/wiki/Tubbs_Fire; Swindell. "Winery Takes First Steps to Rebuild." Press Democrat. October 22, 2018. https://www.pressdemocrat.com/business/8864187-181/paradise-ridge-winery-takes-first;Advisor. "Groundbreaking Ceremony." October 24, 2018. https://wineindustryadvisor.com/2018/10/24/groundbreaking-ceremony-heralds-return-paradise; Swindell, "Winery."; Swindell, "Winery."; Swindell, "Winery."; Swindell, "Winery."; Advisor. "Groundbreaking Ceremony." October 24, 2018.

100. Stephens. AJMC Managed Markets Network. [Blog] "Violence against Healthcare Workers." May 12, 2019. https://www.ajmc.com/focus-of-the-week/violence-against-healthcare-workers-a-rising-epidemic; Iida. "Officer Ben." The News Tribune. July 26, 2019. https://www.

thenewstribune.com/news/local/article233193691.html#storylink=cpy; lida. "Tacoma Hospital Brings in K-9." The News Tribune. August 5, 2019. https://www.asaecenter.org/programs/lms-activities/109869-workplace-security-awareness. Lida; Lida; Edwards, Marce. Executive Director, Corporate Communications. MultiCare Puget Sound. Phone interview with Edward Segal. October 16, 2019; Rege. "Violence Epidemic in Hospitals." Becker's Hospital Review. March 13, 2019. https://www.beckers hospitalreview.com/hospital-physician-relationships/cleveland-clinic-ceo-violence-epidemic-happening-in-hospitals-nationwide-4-takeaways.html; https://www .thenewstribune.com/news/local/article233173551.html;Harris-Taylor. "Escalating Workplace Violence." NPR. April 8, 2019. https://www.npr.org/sections/health-shots/2019/04/08/709470502/facing-escalating-workplace-violence-hospitals-employees-have-had-enough;IAHS.05. "Services – Patient. 03. Violent Patient/Patent Visitor Management." Accessed August 8, 2019. https://www.jointcommission.org/assets/1/6/05.03_Violent_Patient_Management__.pdf; ASAE. "Workplace Security Awareness." Accessed August 8, 2019.

101. Staff Reporter. "Wigs for Judges." Bulawayo. March 24, 2019. https://bulawayo24.com/index-id-news-sc-national-byo-159410.html; Chingono. "Zimbabwe Wigs Met with Fury." April 5,

2019. https://www.theguardian.com/global-development/2019/apr /05/zimbabwe-outlay-on-judges-wigs-met-with-fury-colonialism;Chingono. "Zimbabwe Wigs."; Alsup. "Powdered Wigs for Judges." Daily News. April 5, 2019. https://www.nydailynews.com/news/world/ny-zimbabwe-spent-thousands-on-powdered-wigs-for- judges- 20190405-v6heuqekxbg3nbnypdfzldnp3u-story.html; Robinson. "Zimbabwe Spent Thousands on Judges' Wigs." CNN. April 5, 2019. https://www .cnn .com /2019 /04 /05 /africa/zimbabwe-judges-wigs-gbr-intl-scli/index.html.

102. Jenkins. "Keeping Track of Facebook's Scandals." Fortune. April 6, 2018. https://fortune .com/2018/04/06/facebook-scandals-mark-zuckerberg/; Frenkel, et al. "Delay, Deny, Deflect." New York Times. Nov. 14, 2018. https://www.nytimes.com/2018/11/14/technology/facebook-data-russia-election-racism.html.

第七章：止跌回升：從危機中浴火重生

1. Robehmed. "Griffin's Comeback Tour Is on Track to Make Millions." Forbes. June 1, 2018. https://www.forbes.com/sites/natalierobehmed/2018/06/01/kathy-griffins-comeback-

tour-is-on-track-to-make-millions/#dab884b2cc94.

2. Robehmed.
3. Robehmed.
4. Eiten. "Baltimore Ransomware Attack." WJZ13 CBS Baltimore. June 12, 2019. https://baltimore.cbslocal.com/2019/06/12/baltimore-ransomware-attack-inches-closer-to-normal/.
5. Doctorow. "US Conference of Mayors Adopts a Resolution." Boing Boing. July 12, 2019. https://boingboing.net/2019/07/12/hang-separately.html.
6. McKinley. "San Francisco Mayor Admits He Had Affair with Aide's Wife." New York Times. February 2, 2007. https://www.nytimes.com/2007/02/02/us/02newsom.html.
7. New York Times. "Election Results." January 20, 2019. https://www.nytimes.com/elections/results/california-governor.
8. Mehta and Willon. "Former Aide to Gavin Newsom Speaks Out about Their Affair." Los Angeles Times. February 7, 2018. https://www.latimes.com/politics/la-pol-ca -governors-race-gavin-newsom-affair-20180207-story.html.
9. Gurdus. "Chipotle CEO and CFO: 'We're Back on Our Front Foot.' " CNBC. October 4, 2018. https://

www.cnbc.com/2018/10/04/chipotle-ceo-cfo-talk-food-safety-standards-past-messaging-issues.html.

10. Gurdus.
11. Gurdus.
12. Gurdus. "Leadership Changes and Time Helped Drive Chipotle's Comeback." CNBC. February 7, 2019. https://www.cnbc.com/2019/02/07/cramer-leadership-changes-and-time-helped-drive-chipotles-comeback.html.
13. Jones and Bomey. "Sears Saved from Liquidation." USA Today. February 7, 2C19. http://www.usatoday.com/story/money/2019/02/07/sears-kmart-eddie-lampert-esl-investments-sears-bankruptcy/2804797002/.
14. Jones and Bomey.
15. Securities and Exchange Commission. "SEC Charges Martha Stewart, Broker PeterBacanovic with Illegal Insider Trading." June 4, 2003. https://www.sec.gov/news/press/2003-69.htm.
16. CNN. "Stewart Convicted on All Charges." March 10, 2004. https://money.cnn.com/2004/03/05/news/companies/martha_verdict/.

17. Eaton. "Martha Stewart Verdict: The Overview." New York Times. March 6, 2004. https://www.nytimes.com/2004/03/06/business/martha-stewart-verdict-overview-stewart-found-guilty-lying-sale-stock.html.
18. Eaton.
19. Berman. "How Martha Stewart Achieved Net Worth of $640 Million." Money Inc. Accessed August 4, 2019. https://moneyinc.com/martha-stewart-net-worth/.
20. Maloney. "Pepsi Pulls Ad Featuring Police, Protesters, and Kendall Jenner." Wall Street Journal. April 5, 2017. https://www.wsj.com/articles/pepsi-pulls-ad-featuring-police-protesters-and-kendall-jenner-1491414509.
21. Marzilli. "One Year After Jenner Ad Crisis, Pepsi Recovers." YouGov. April 17, 2018. https://today.yougov.com/topics/food/articles-reports/2018/04/17/one-year-after-jenner-ad-crisis-pepsi-recovers.
22. Weaver. "Most KFCs in UK Remain Closed." The Guardian. February 19, 2018. https://www.theguardian.com/business/2018/feb/19/kfc- uk- closed -chicken -shortage -fash-food-contract-delivery-dhl.

23. Weaver.
24. Coghlan. "KFC Goes Back to the Delivery Company It Ditched." Eater London. March 9, 2018. https://london.eater.com/2018/3/9/17099564/kfc-chicken-u-turn-bidvest-logistics-dhl.
25. Petroff. "KFC Apologizes for Chicken Shortage." CNN. February 27, 2018. https://money.cnn.com/2018/02/23/news/kfc-apology-ad-shortage-chicken/index.html.
26. Gabbatt. "Starbucks Closes More than 8,000 US Cafes for Racial Bias Training." The Guardian. May 29, 2018. https://www.theguardian.com/business/2018/may/29/starbucks-coffee-shops-racial-bias-training.
27. Knowles. "A Barista Asked Police to Leave Because a Guest Felt Uncomfortable." Washington Post. July 8, 2019. https://www.washingtonpost.com/business/2019/07/07/barista-asked-police-leave-because-guest-felt-uncomfortable-starbucks-has-apologized/?utm_term=.d8e81416193c.

國家圖書館出版品預行編目（CIP）資料

企業危機化解手冊 : 101條忠告,讓組織安然度過各種災難、突發事件與其他緊急情況,並重回正軌 / 愛德華.席格(Edward Segal)著 ; 張簡守展譯. -- 初版. -- 臺北市 : 日出出版 : 大雁文化事業股份有限公司發行, 2022.01
464面； 14.8*20.9公分
譯自 : Crisis ahead : 101 ways to prepare for and bounce back from disasters, scandals, and other emergencies
ISBN 978-626-7044-18-6(平裝)
1.CST : 危機管理 2.CST : 企業公關
494 110022279

企業危機化解手冊
101條忠告，讓組織安然度過各種災難、突發事件與其他緊急情況，並重回正軌

CRISIS AHEAD: *101 WAYS TO PREPARE FOR AND BOUNCE BACK FROM DISASTERS, SCANDALS, AND OTHER EMERGENCIES*
By Edward Segal

作　　者　愛德華‧席格（Edward Segal）
譯　　者　張簡守展
責任編輯　李明瑾
封面設計　萬勝安
發 行 人　蘇拾平
總 編 輯　蘇拾平
副總編輯　王辰元
資深主編　夏于翔
主　　編　李明瑾
業　　務　王綬晨、邱紹溢
行　　銷　曾曉玲
出　　版　日出出版
地址：台北市復興北路333號11樓之4
電話（02）27182001　傳真：（02）27181258
發　　行　大雁文化事業股份有限公司
地址：台北市復興北路333號11樓之4
電話（02）27182001　傳真：（02）27181258
讀者服務信箱 andbooks@andbooks.com.tw
劃撥帳號：19983379 戶名：大雁文化事業股份有限公司
初版一刷　2022年1月
定　　價　520元

I S B N　978-626-7044-18-6